<特集>

平成29年度　実践総合農学会シンポジウム
2017年7月8日（土）

● **基調講演**
　コメ政策の展望
　　天羽　隆（農林水産省　政策統括官付　農産部長（現　大臣官房総括審議官））

● **シンポジウム**
　日本のコメ政策をどうする

（ねらい）
　2018年から米政策が大きく転換される。米政策については、食料安全保障や地域経済への影響など各方面からその方向性がどうなるか、関心や懸念が寄せられている。
　本シンポジウムでは、2018年に米生産調整政策が廃止され、また国際的には2国間協定による一層の貿易自由化が予想されている中で、各方面の識者を招き、米に関わる話題を提供していただき、日本の米政策をどうするのか、参加者の認識を深めていくことを目的としている。

〔パネリスト〕
第1報告　　農家の受け止め方と意見
　　　　　　　面川　義明（宮城県角田市　米生産農家）
第2報告　　ＪＡいわて花巻の水田営農の取り組み
　　　　　　　阿部　勝昭（ＪＡいわて花巻代表理事組合長）
第3報告　　コメの消費拡大の技術開発（飼料米）
　　　　　　　信岡　誠治（東京農業大学農学部畜産学科教授）
第4報告　　コメの消費拡大の技術開発（米粉）
　　　　　　　野口　智弘（東京農業大学応用生物科学部食品加工技術センター教授）
シンポジウム座長
　　　　　　　中村　靖彦（東京農業大学客員教授・農政ジャーナリスト）

特集

平成29年度
実践総合農学会 シンポジウム

三輪睿太郎会長

● 実践総合農学会　三輪睿太郎会長　挨拶

　実践総合農学会は2004年に創設され、今年で13年を迎えます。他の学会と違うのは、学会員が学者だけでなく、行政関係者、農協の方、農家の方、そして消費者の方というように、いろいろな方がこの学会を構成しているところです。

　農業を語る際に、もちろん専門別の学会は必要です。しかし、本学会のように多くのステークホルダーが科学的に関わることが大事だと思っておりますし、特に、今の時代に非常に重要な学会であると責任を感じている次第であります。

　13年の歴史の中で、地方大会を11回行いました。開催地には、今日講演なさる面川さんの地元、宮城県角田市のような家族経営の大規模水田地帯もありましたし、新潟県佐渡市などのコメ産地もありました。その一方、村の人口が2千人といった中山間地で稲作を議論したこともありました。

　夏の大会では、4年ほど前にTPPが具体的な検討に入るという段階で、一度コメの問題を取り上げましたが、TPPに関する情勢はその後劇的に変わってきています。今包括的な交渉が行われているEUはあまりコメに関心がないようです。しかし、環太平洋地域でいうと、オーストラリアやニュージーランドといった従来畜産物に関心が高かった国々が、今ではアメリカのように、コメについても要求を強めてくるようになってきています。さらに、コメ政策、コメの生産調整がこれから大幅に変わるといったこともあって、この時点で、識者を招いて議論をしておきたいと考えました。

　そうした趣旨にご賛同いただきまして、基調講演に農林水産省農産部長の天羽先生、シンポジウムに宮城県の面川さん、JAいわて花巻の阿部さん、東京農業大学の信岡先生、野口先生、さらにシンポジウムのコーディネーターをジャーナリストの中村先生にお願いいたしました。十分な時間とはまいりませんが、たいへん期待しておりますので、どうぞよろしくお願いいたします。

髙野克己学長

● 東京農業大学　髙野克己学長　挨拶

　皆さまこんにちは。2017年度実践総合農学会シンポジウムを本学で開催いただき、ありがとうございます。会場としてご利用いただきますことに、御礼を申し上げます。

　本学、東京農業大学は、今年で創立126年を迎えました。現在、実学主義が東京農業大学の教育研究の理念になっておりますが、その根本は、初代学長の「稲のことは稲に訊け」という言葉でございます。本日のテーマ、「日本のコメ政策をどうする」ということについては、日本のお米をつくっている方、政策を考える方、そして学術的に検証する方、そういう方々がこの場に集まって意見を出し合って討論をする、そして理解を深めていくことが大切だと考えております。そういった意味では、これは実に農大らしいテーマであり、このシンポジウム

が開催されますことをたいへんうれしく思っております。今日は、学生さんも参加されているようです。将来の日本を担う若者たちにとって、こういう論議に参加することは非常に有意義だと思います。こうした機会を与えてくださいました、実践総合農学会の三輪会長に深く御礼申し上げます。

このシンポジウムの目的が達成され、今後日本の農業、その中心であるコメの生産、またその政策が日本の農業を推し進めることになればと期待しております。本日は、なにとぞよろしくお願いいたします。

基調講演

コメ政策の展望

農林水産省 政策統括官付 農産部長（現 大臣官房総括審議官） 天羽 隆

農業の現状とコメ政策について講演する天羽部長

ただいまご紹介にあずかりました農林水産省農産部長の天羽でございます。本日は横井講堂という由緒あるところで、私どもの政策についてお話をさせていただく機会をいただきまして、まことにありがとうございます。今日は、我が国農業の現状、そして政策の展望についてお話をさせていただきます。

＜我が国農業をめぐる現状＞

2050年における国内と世界の食料需要をみると、世界の人口は右肩上がりで増えていき、飲食料のマーケットも大きくなっていきます。一方、我が国においては、人口が減少し高齢化が進み、飲食料のマーケットが縮小していくことが見込まれます。

経済規模をみると、日本の農業を含む一次産業のセクターとしては10兆円程度の産出額があります。そして、飲食料全てを含めて考えると、100兆円弱のマーケットになります。いわゆる6次産業化というのはまさにこの部分であって、一次産業の農業の産出をしっかりやっていくことはもちろん大事ですが、二次、三次の部分にも視野を広げて、その100兆円のマーケットをとりにいくということが必要と考えております。

次に、食料自給率の推移をみると、生産額ベースでは右肩下がりながら、近年7割弱の水準で推移しています。一方、カロリーベースでは近年横ばいになっていて、40％内外で推移しています。昭和40年度と平成27年度の食料消費構造を比較してみると、自給率ほぼ100％のコメが減り、畜産物と油脂が増えてきています。その結果、カロリーベースの自給率が現在の状態になっているというわけです。しかし、自給率についての議論をさらに深めるには、「食料自給力」についても議論する必要があるのではないかということから、平成27年の食料・農業・農村基本計画では、「食料自給力」についても試案を提示しました。

そこで、食料消費の構造をみてみます。近年、単身世帯が増加し、女性も外で働くようになってきて、食の外部化・簡便化が進展しています。したがって、農業や食品産業にはそうした消費者の動向や嗜好を踏まえて生産・供給していく、いわゆるマーケットインの発想がますます必要になっています。

一方、食料供給側である農業生産についてみてみますと、よくいわれていることですが、第一に担い手の高齢化が課題です。平成7年からの基幹的農業従事者の年齢構成の推移をみると、年々着実に高齢化が進んでいることがわかります。ただ、農業労働力の推移をみると、経営者・役員等あるいは常雇いについては、総数は小さいものの近年増加傾向にあることがみてとれます。また農業従事者の年齢構成をイギリス、フランス、ドイツ、オランダ、アメリカ、日本で比較すると、日本の65歳以上層のウェイトが高いことが顕著にわかります。ここから、日本の農業は歳をとっても働けるよい職業であるとみることもできるのかもしれませんが、持続的な発展を考えると、やはりいかに若年層に就農してもらうかということが大事なポイントになります。

農業の平均経営規模は、全国平均で2ha台という水準です。これを昭和30年代などと比較して経営部門別にみると、水稲の規模拡大率は平均で2.2倍となっています。しかし、乳用牛・肉用牛などの畜産の規模拡大率は40倍弱から約1,900倍であり、それと比べると水稲の経営規模拡大のテンポはゆるやかといえます。

2 食料自給率

○ カロリーベースの食料自給率の低下が続いたのは、食生活の洋風化が進み、国産で需要量を満たすことのできる米の消費量が減少する一方、飼料や原料を海外に依存せざるを得ない畜産物や油脂類の消費量が増加したことが主な要因。

○ また、近年横ばいとなったのは、人口減少や高齢化の進行により需要量が減少している中で、国内の農業生産力が低下し、国内の嗜好の変化や需要サイドのニーズに十分対応できていないことが要因。

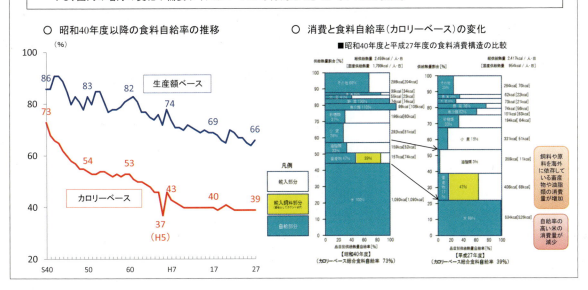

図1　食料自給率の変化

3 食事の内容と食料消費量の変化

○ 国民1人当たりの食事内容の変化をみると、昭和40年度に月1回程度だった牛肉料理が、平成27年度には月3回程度まで増加する一方、ごはんを1日5杯程度食べていたものが、1日2.5杯程度まで減少。

図2　食事の内容と食料消費量の変化

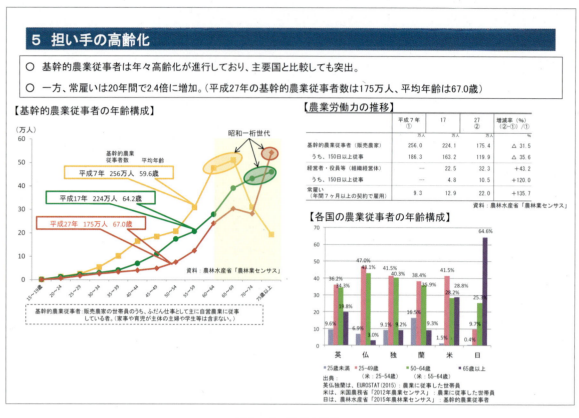

図3　担い手の高齢化

　経営耕地面積でみますと、実は5ha以上の経営規模層がこの20年間で34％から58％にまで増加してきています。1経営体当たりの平均経営面積も着実に増加しています。平成17年からは100ha以上層も調べていまして、17年は4.4％でしたが、27年では8.2％となっています。その100ha以上層は実数で1,590ありますが、私が農林省に就職した頃には、日本で100ha以上層の規模の経営体がこんなになるということは想像もできませんでした。こうした規模の拡大については、借入地のウェイトが着実に増えているということがいえます。

　これまでお話しした消費と生産を背景に、コメの全体需給はどのように変化してきているのでしょうか。ご存じの通り、白いお米をお腹いっぱい食べたいというのが、戦後日本の消費者の悲願であったと言えると思います。その白いお米の自給が達成されたのが、昭和41年辺りで、ここで需給が大幅に逆転することになります。豊作であったため、生産が需要を上回る年になりました。当時は食糧管理法の時代ですので、生産されたコメは全量政府に売り渡されます。したがって、生産と消費の差は政府の在庫になって現れます。こうして、在庫がみるみる膨らんで720万トンになり、政府は金利や倉敷料も膨大に負担することになり、政府在庫の処理をどうするかということに頭を悩ませることになりました。そこで、昭和46年から49年にかけて第一次過剰処理が行われ、54年から58年にかけて第二次過剰処理が行われました。1兆円と2兆円、合計3兆円の国費を投じて過剰処理が行われました。

　そのように、需要量と潜在的な生産能力が逆転したことを受けて、昭和44年から生産調整が試験的に実施され、46年から本格的に始まりました。その後もコメの消費・需要はなだらかに低下していき、それに見合った生産をするように、ということで生産調整を行ってきましたが、作柄の変動などもあって、単年でみると供給が足りなくなって需要が供給を上回るという事態も生じています。そのため、コメの緊急輸入、その後にはウルグアイラウンドの妥結によるミニマムアクセス米などもでてきました。かつては需給に大きな差があった時期もありましたが、近年は接近してきております。食管制度もなくなり、全量を政府に売るということもありません。政府は備蓄米という形で在庫の運用を行っていて、100万

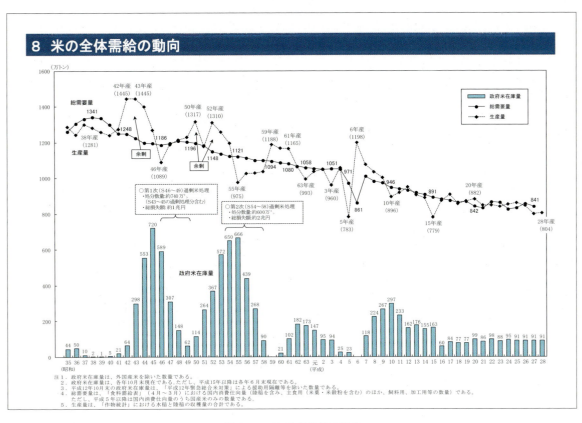

図4　コメの全体需給の動向

トン程度を政府備蓄として保有するということで安定してきております。

次に、コメについての政策の経緯を整理してみます。食管法の時代が長らく続きましたが、平成7年に食管法が廃止され食糧法ができました。備蓄の方式は、いわゆる回転備蓄だったものが平成23年産から棚上備蓄に移行しています。生産サイドの経営安定対策としては、稲作経営安定対策が平成10年から始まりました。このように、担い手を対象にした対策が導入されました。いわゆる「ナラシ」もここから始まっています。民主党政権時代には、すべての販売農家を対象に、主食用米を生産している水田10a当たり15,000円を支払う戸別所得補償制度がスタートしました。自民党政権に代わって1年目まで15,000円の時代は4年間続きましたが、26年産からは半額の7,500円になり、それから4年たった今年、平成29年産で終了となります。したがって、来年からは戸別所得補償で行われた、主食用米をつくる田んぼに対して面積当たりでお金を払うという政策はなくなるということです。

こうしたコメ政策の見直しは、自民党政権下の平成25年10月にその大きな枠組みが決まりました。そして、29年6月9日の閣議決定では、コメ政策改革を着実に進めることにより農業経営体が自らの経営判断に基づいて作物を選択できる環境を整備するとし、直接支払交付金と行政による生産数量目標の配分は30年産から廃止することが定められました。これが、コメ政策改革の根本です。そうすると、30年からコメ政策が大幅に変わって、これまでとは全く違う時代がくると思われる方もおられるようですが、実は、変わるのは、主食用米を生産する田への直接支払交付金の7,500円がなくなるということがメインです。これは、行政による生産数量目標の配分とリンクしていました。直接支払交付金を廃止することが決まりましたので、リンクしていた生産数量目標の配分もなくなるということです。

平成26年からは、農政改革プランとして、水田フル活用の直接支払交付金制度ができました。平成29年度の予算額は3,150億円となっています。水田は将来にわたって維持していかなければならない重要な生産装置です。しかし、主食用米を思う存分生産していただくと供給が需要を大幅に超えてしまい、需給のバランスがとれませ

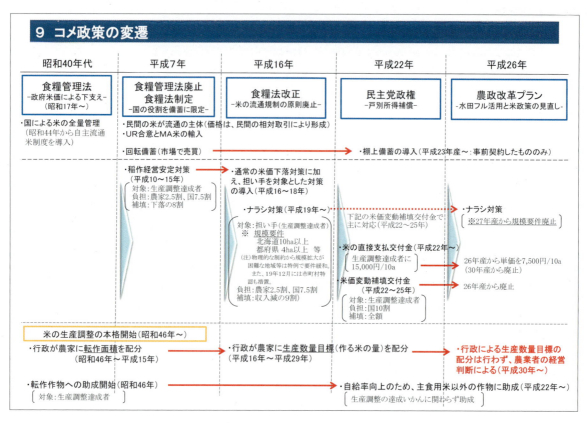

図5 コメ政策の変遷

ん。したがって、水田で、飼料米、麦、大豆等をしっかり生産していただく。その際、所得格差が依然としてありますので、主食用米以外の作付に対して支援するという仕組みになっているわけです。この政策をしっかり展開していくことで、引き続き主食用米の生産調整を図っていくということです。

近年、この水田活用プラン事業によって、水田の利用がどう変わってきたかをみてみます。平成20年産の水稲作付面積は164万haでした。ほとんどが主食用米で160万ha、加工用米は2.7万ha、そして飼料用米等は1.2万haでした。一方28年産では、水稲の作付面積161万haのうち、主食用米は138万haに減って、主食用には回らない加工用米が5.1万ha、飼料用米等13.9万ha、備蓄米4.0万haと増えています。このように、利用は変わっても、水稲の作付面積自体はこの10年間、ほぼ160万haで維持されていることがわかります。

コメの生産調整は、昭和44年あるいは46年から行われていますが、当初から目標が達成できていたわけではありません。面積換算値で目標を達成したのは、つい最近の平成27年でした。28年も達成されています。今年の4月末現在、作付の動向を各都道府県に聞いてみると、昨年と同じような作付意向であるということが聞き取れていますので、29年産も達成できるのはほぼ間違いないと私どもはみています。

お米の相対取引価格の推移をみると、近年では26年産が安かったのですが、そこから27年、28年と1,000円ずつ戻してきているという状況です。なお、相対取引価格と民間在庫をみると、毎年6月末の民間在庫量が多いもしくは増える局面において、相対取引価格が下がる傾向にあることがみてとれます。ここからも、価格は需給によって決まっているということがわかります。

＜飼料用米と米粉の現状＞

飼料用米の生産量は、27年産で44万トンです。ただし、エサに使われるコメには、政府の備蓄米とミニマムアクセスで輸入されたコメもあります。いわゆる飼料用米として生産されているお米がどのように供給されているかをみると、畜産農家と直接結びついて供給されているのが12万トン、配合飼料メーカーに渡されて配合飼料メーカーがトウモロコシその他のものと混ぜて使ってい

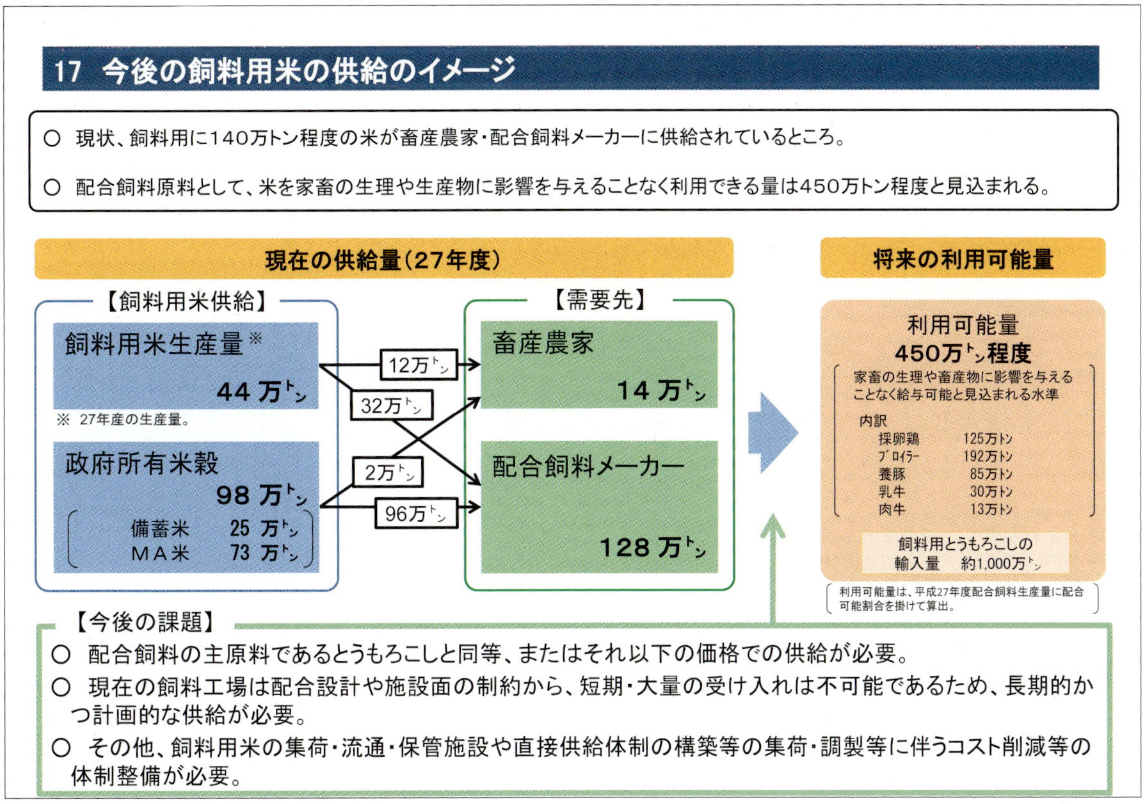

17 今後の飼料用米の供給のイメージ

○ 現状、飼料用に140万トン程度の米が畜産農家・配合飼料メーカーに供給されているところ。

○ 配合飼料原料として、米を家畜の生理や生産物に影響を与えることなく利用できる量は450万トン程度と見込まれる。

現在の供給量（27年度）

【飼料用米供給】
- 飼料用米生産量※　44万トン
　※ 27年産の生産量。
- 政府所有米穀　98万トン
　備蓄米　25万トン
　ＭＡ米　73万トン

【需要先】
- 畜産農家　14万トン
- 配合飼料メーカー　128万トン

（12万トン、32万トン、2万トン、96万トン）

将来の利用可能量

利用可能量
450万トン程度
（家畜の生理や畜産物に影響を与えることなく給与可能と見込まれる水準）

内訳
- 採卵鶏　125万トン
- ブロイラー　192万トン
- 養豚　85万トン
- 乳牛　30万トン
- 肉牛　13万トン

飼料用とうもろこしの輸入量　約1,000万トン

利用可能量は、平成27年度配合飼料生産量に配合可能割合を掛けて算出。

【今後の課題】
○ 配合飼料の主原料であるとうもろこしと同等、またはそれ以下の価格での供給が必要。
○ 現在の飼料工場は配合設計や施設面の制約から、短期・大量の受け入れは不可能であるため、長期的かつ計画的な供給が必要。
○ その他、飼料用米の集荷・流通・保管施設や直接供給体制の構築等の集荷・調製等に伴うコスト削減等の体制整備が必要。

図6　今後の飼料用米の供給のイメージ

■ 飼料用米を活用した畜産物の高付加価値化に向けた取組

○ 飼料用米の利活用に際しては、単なる輸入とうもろこしの代替飼料として利用するのみならず、その特徴を活かして畜産物の高付加価値化を図ろうとする取組が見られる。国産飼料であることや水田の利活用に有効であること等をアピールしつつ、飼料用米の取組に理解を示す消費者層等から支持を集めつつある。

こめたま
- 畜産経営：トキワ養鶏（養鶏、青森県藤崎町）
- 飼料用米生産：青森県藤崎町
- 畜産物販売：地元デパート、直売所、パルシステム生活協同組合連合会　等
- 特　徴：
　飼料用米（品種：みなゆたか、べこごのみ）を最大68%配合した飼料を給与し、卵黄が「レモンイエロー」の特徴ある卵（「こめたま」）を販売。トキワ養鶏のインターネットサイトでも販売を開始。

やまと豚米らぶ
- 畜産経営：フリーデン（養豚、神奈川県平塚市（岩手県大東農場））
- 飼料用米生産：岩手県一関市（主に大東地区）
- 畜産物販売者：阪急オアシス（関西）、明治屋・ヨシケイ埼玉（関東）
- 特　徴：
　中山間地域の休耕田で生産する飼料用米を軸に、水田と養豚を結びつけた資源循環型システムを確立。飼料用米（品種：ふくひびき、いわいだわら）を15%配合した飼料を給与し「やまと豚米らぶ」として販売。

まい米牛

- 畜産経営：JAしまね出雲肥育牛部会員
- 飼料用米生産：JAしまね出雲地区
- 畜産物販売者：JA直営スーパー（ラピタ）、地元スーパー、焼き肉店（藤増牧場直営）　等
- 特　徴：
　採卵鶏農家を中心に飼料用米の利用が開始され（「こめたまご」）、飼料用米の生産拡大に伴い、肉用牛肥育農家等にも利用が拡大。飼料用米（品種：みほひかり）を20%以上添加した配合飼料を10ヶ月以上給与した牛を「まい米牛」としてブランド化。

ひたち米豚
（茨城県米活用豚肉ブランド化推進協議会）

- 畜産経営：常陽醗酵農業株式会社牧場株式会社（養豚、茨城県龍ケ崎市）
- 飼料用米生産：茨城県龍ケ崎市、河内市等
- 畜産物販売：スーパー、食肉販売店（関東）等
- 特　徴：
　飼料用米（品種：夢あおば、あきだわら等）を50%配合した飼料を給与し、肉質が柔らかく肉の臭みが少ないといった特徴のある「ひたち米豚」としてブランド化。
　飼料用米を給与した畜産物であることがわかるロゴマークを活用し、消費者に発信中。

（参考）豚肉1kg（店頭価格2,560円※1）生産のために約1kg程度の飼料用米※2を給与（飼料用米1kgへの水田活用の直接支払交付金交付額：160円程度）。
※1　総務省家計調査におけるH26年豚肉小売価格より各都市の小売価格の単純平均価格
※2　（豚肉1kg生産のために必要な飼料7kg）×配合割合15% ≒ 1kg

図7　畜産物のブランド化事業

るのが32万トンです。政府備蓄米やミニマムアクセス米のほとんども、配合飼料メーカーで使っていただいています。一体どのくらいのお米が国内で飼料用に使用できるのかというと、年間450万トンは可能だという試算になります。採卵鶏から肉牛まで、畜種によってエサにコメを混ぜても生理的に支障なく増体あるいは消化をして家畜が育っていくという比率が違いますが、掛け算すると450万トンになるということです。現在、輸入トウモロコシが年間約1千万トンあり、これに他のものを配合して2,300万トンの配合飼料として供給されています。それを考えると、そこにお米を使ってもらう余裕はまだあるとみています。

　飼料用米の生産量は26年産の19万トンから27年には44万トン、28年産では48万トンとなっています。私どもは、このままの勢いで増えていくのではなく、なだらかな増え方になっていくだろうとみています。飼料用米の生産にあたっては、専用の多収品種にしていただくようお願いしており、その使用が徐々に増えてきていて、今のところ作付割合は43％になっています。飼料用米の生産者は、水稲全体の作付規模が5ha以上層が7割を占めており、比較的経営の大きな、いわゆる担い手の方につくっていただいているといえます。飼料用米生産農家の生産水準の向上を推進するため、昨年初めて飼料用米多収日本一コンテストを開催しましたが、28年度は1トンには届かず、932kgがトップでした。今年も期待したいと思います。また、飼料用米の生産にあたっては、多収の一方でコストを下げる努力もしていかなければいけませんが、併せて飼料用米を食べた家畜の卵や肉をブランド化して、高価格で販売していただくようなブランド化の事業も進めているところです。

　鳴り物入りでスタートした米粉についてです。生産量は2万トン前後で、近年横ばいです。ただし、私は潮目が変わってきているのではないかとみています。それは、製粉コストが下がってきていて、小麦粉の製粉コストに見合うような技術も一部では開発されてきているためです。

　米粉は、特にグルテンを含まないことを消費者にアピールしていて、この4月から、グルテンの含有が1ppm以下のものに「ノングルテン」表示をするガイドラインを公表しています。また、小麦粉には、薄力、強力、中力といったような用途別基準がありますが、米粉についてもそうした用途別基準（1番、2番、3番）のガイドラインをつくり、わかりやすく、使いやすくしていく取り組みをしております。民間の動きとしては、米粉協会が設立され、「再び米粉を」という気運が盛り上がっているように感じており、29年産の作付以降も、これまでの生産量から少し上向きになるのではないかとみております。

＜生産コスト低減と30年産に向けて＞

　飼料用米や米粉といった利用拡大の取り組みの一方で、コメの生産コストは下げていかなければいけません。そのためには、現状の全国平均4割削減である9,600円/60kgという、担い手によるコメの生産コスト目標をしっかり達成する必要があります。

　そのためにも、まず農地の集積や集約化を中間管理機構を利用して確実に行っていくことと、直播などの省力栽培技術、そして作期を分散させるというように、大規模経営でのコストをさらに下げていく必要があります。また、農業競争力プログラムの中でも掲げられているように、資材費を下げることにも取り組んでいかなければなりません。そうして、先ほどの9,600円を目指していきます。

　これからのコメ政策については、30年産から補助金がなくなるのではないかとよくいわれます。そうしたご心配については、戸別所得補償制度のいわば流れをくんだ7,500円の交付金はなくなるわけですが、水田フル活用のための直接交付金は引き続き交付していって、コメ需給の調整を進めていくという考えです。

　また、生産数量目標の配分がなくなると、かつてのように過剰になっていくのではないかという質問もあります。これも27年産、28年産と練習していただいてきています。そして、29年も需給は問題ないと見込まれます。30年以降も同様にできるように、国が全国ベースの需要見通しを出し、各県の農業再生協議会、地域の農業再生協議会において判断していただくことになります。それまでのような行政による数量配分はなくなりますが、この協議会のルートを通して、自分の県で、水田に、主食用米および主食用米以外の何をどのように作付するのかを決定していただきます。そのように、地域で産地づくりに取り組んでいただくという考えです。

　ここでは、県の農業再生協議会でのビジョンとして、

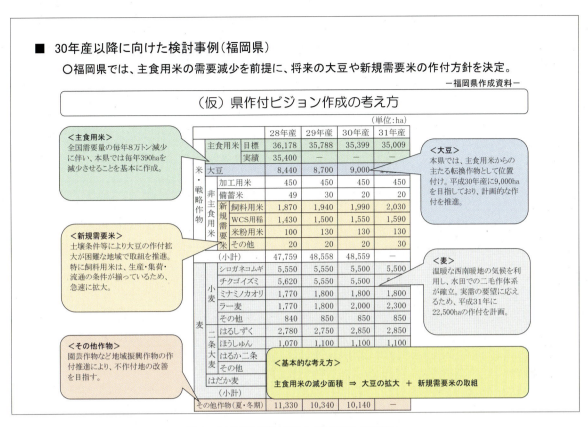

図8　30年産以降に向けた検討事例（福岡県）

　福岡県の例をみてみます。全国のコメ需要量が毎年8万トンずつ減るという前提をおき、その減少分の面積を新規需要米や麦・大豆という作物に振り分けて、それぞれの産地で生産していくという方針になっています。そうした県協議会のビジョンを受けて、地域協議会でそれぞれの作付計画を立てていくという考え方を進めているというわけです。

　そうした自主的な動きを支援するために、農林水産省では、今まで以上に情報提供をしっかり行っていきます。作付情報もきちんと提供しますし、各県の品種・銘柄の売れ行きや、在庫状況がどうなっているのかといった販売の進捗度合いについても、マンスリーレポートに載せて説明していきます。

　お米の需要において、中食・外食需要が非常に大きな比率になってきていることは、先ほども申し上げました。したがって、産地でお米をつくるにあたっても、中食・外食の需要先に向けてどういうお米をつくっていくのかをしっかり考えてもらう必要があります。中食・外食事業者の求めるお米は、胴割れしないことや、用途に適した品種など様々です。そうした実需と生産サイドをマッチングする事業も進めているところです。

　この5月に、国会で競争力強化支援法という法律が成立しました。生産資材価格や農産物流通の合理化といった農業者の努力だけでは実現できない世界で改革を進め、競争力を強化していこうという法律です。8月の施行に向けて、今準備をしているところです。

　お米の輸出は、年間1万トン弱と、まだまだ量は少ない状況です。しかし、今後日本国内のマーケットがますます縮んでいくことを考えると、難しい問題はあるものの、輸出にもしっかり取り組んでいかなければならないという問題意識をもっています。

　農林水産業のGDPは、金額ベースでみると、年によって変動はありますが日本は10番（2014年）ですが、農産物輸出額でみると60番目（2013年）です。また、アメリカのトランプ政権が発足して、TPPの枠組みは消えたという見方もありますが、わが国政府はTPP11としてTPPの枠組みを追求していき、さらにアメリカも引き込んでいくという作戦でおります。駆け足でしたが、私の説明はここまでです。ありがとうございました。

シンポジウム

日本のコメ政策をどうする

〈座長解題―東京農業大学客員教授・農政ジャーナリスト　中村　靖彦〉

シンポジウムの趣旨を説明する中村教授

　ご紹介いただきました中村靖彦です。これまで長い間、主としてジャーナリストとして食料問題に関わってまいりましたが、そのなかでコメというのはたいへん大きなテーマの一つでした。今日は、「日本のコメ政策をどうする」というシンポジウムのコーディネーターをさせていただきます。私がどのような問題意識で今日のシンポジウムに臨んでいるかを中心にお話ししておきたいと思います。

　天羽さんのお話にもありましたように、来年産、30年産のコメづくりから配分割当による生産調整が廃止されることになります。これは、1971年に生産調整が本格的に始まってから、実に46年ぶりのことです。先日、生産調整が始まった当時の新聞を引っ張り出してきたのですが、当時の農林水産省の方の発言を読んで驚きました。生産調整が始まり、つくりたいのにつくらせないということから、農家の人は非常に不満だったようです。初めてのことですから不満をもつのは当然です。そうした農家の人をなだめるための発言だったのだと思いますが、「1、2年我慢してもらえば、必ずまた元のようにコメをつくれるようになるよ」というようなことが掲載されていました。それがなんと46年も続いたのです。しかし、なかば強制的な配分という割当が、ようやく来年産から廃止されます。これは、日本のコメの政策上、画期的なことではないかと思います。したがって、この機会に日本のコメ政策について議論しあうことは、非常に意味があることだと思っております。

　平成7年には食管法が廃止され、新たに食糧法が施行されました。その理念は「つくる自由・売る自由」です。しかし、そういった言葉にもかかわらず、配分型の生産調整は続いていました。やはり、農業者の側に、従来の体制から脱却することへの不安があったのではないでしょうか。農業団体が主導するのではなかなかいうことをきかないけれど、国が主導するのであれば、それは仕方がないというような空気があったのも事実だと思います。

　私はここで、長い間行われてきた生産割当制の生産調整が、農業者あるいは農村に何をもたらしたのか検証してみる必要があるのではないかと思っております。もとをたどれば食管制度の時代から生産調整の時代まであまりにも長い時間が経過し、農業者の方々は自ら考えるということを徐々にしなくなり、行政に任せておけばなんとかやっていける、行政依存の体質が染みついしまったのではないかという気がいたします。

　貿易交渉においてもコメは聖域のような存在で、最もデリケートな品目でした。しかし、これでよかったのかと、私は常々考えておりました。先日、EUとの経済連携協定が大枠合意しました。そのときに新聞に出ていた国会議員の先生のコメントには、「コメがなかったから比較的早くまとまった」というようなものもありました。たしかにEUはそれほどコメに関心がありませんので、チーズやワインは大きな議論になりましたが、コメはそれほど議論されませんでした。貿易交渉ではいつもコメが引っかかりますが、その部分については、日本はどうしても譲ることができません。一方、外国は開放しろと要求してきます。そのせめぎ合いで時間を掛けてもめるというのが実は常套手段でしたが、EUの場合はそれがありませんでした。しかし、チーズのもとになる牛乳を生産する、あるいはワインのもとになるブドウを生産するのはプロの農家です。そうしたプロの農家をほんとうは守らなければいけません。お米にももちろんプロ

の農家はいますし、今や100ha以上の階層が1,500以上あります。ただし、圧倒的に多いのは兼業農家の方々で、その人たちはコメと他の仕事の所得で食べています。そう考えると、コメ以外の分野だったから交渉が早くまとまったという言い方には、少し違和感を覚えていました。

　コメを保護する生産調整が続くなかで、いくつかの問題点も浮き彫りになりました。それは、後継者不足と高齢化です。担い手が足りない場合、例えば、外国人労働者への依存はありうるのでしょうか。また、農家で相続が繰り返された結果、面積が小さいこともあり、所有権が分からなくなっているケースもでてきていて、なかなか農地を有効利用できない状態が続いています。さらに、耕作放棄地が大きな問題です。行政も一生懸命減らそうと努力しておりますが、なかなか思うようにいきません。このような耕作放棄地の増加は、食料自給率が低いこの国で、到底理解できない姿です。そう考えると、コメづくり農家の総兼業化といわれる実態は、実は、進まない農地の流動化とも関係しているのではないかと思います。

　そして、重要なのは、このような日本のコメの姿が、食料の安全保障に結びついているのかどうかという点です。もちろん、新しい需要が生まれて、飼料米、米粉など主食用以外の分野での需要も増えております。その将来展望も含めて、これからのご報告、さらにご報告を踏まえた総合討議の中で議論をしていただきたいと思います。

　スーパーマーケットへ行くと、新しいコメの銘柄がたくさん並んでいます。たしかに最近のコメは美味しくなりました。しかし、これらの美味しい食材を買う消費者が、どれだけコメの政策に関心があって、日本の農業に理解をもっているのかということです。メディアも同じです。日本の基盤である農業やコメづくりにどれだけ関心をもっているのでしょうか。これもやはり、日本の食料の安全保障と関わりがあると思います。

　今日は、以上の点に焦点をあてながら、ご報告を聞き、そして総合討議に臨んでいきたいと思います。よろしくお願いいたします。

第1報告

農家の受け止め方と意見

宮城県角田市 米生産農家　面川 義明

農家の立場から意見を述べる面川氏

我が家の稲作経営

　みなさんこんにちは。宮城県南部、角田市からまいりました面川です。今日は「日本のコメ政策をどうする」という、私にとってはたいへん大きなテーマをいただきました。

　先ほど、減反政策が始まってから46年が過ぎたという話がありました。稲作農家の長男として生まれ、もうすぐ64歳になります。就農してから43年が経ちました。就農当初から、国の政策に振り回されずにコメ作りをしたいと考えていました。しかし、東北の片田舎で、周りはコメ中心の農村地帯です。コメ農政を無視して稲作農家として生き続けることは、ほとんど不可能といえます。就農以来40年間、常に農政の動きを人一倍注視しながら田んぼと共に生きてきました。私のコメ作り人生は、コメの減反政策と共に歩んできたといえます。

　基調講演でも話がありましたが、新食糧法が平成7年に施行されました。その時、国のレポートに目を通し、コメ政策、そして農村を取り巻く環境がこれから大きく変わるのだという熱い思いがこみ上げてきたことを思い出します。あれからもう20年以上が経ちましたが、この20年間はいったい何だったのでしょうか。私は、そんなに立派な百姓でもありませんし、大きな農業団体の代表でもありません。東北の片田舎で必死になって田んぼに寄り添って家族と共にコメ専業農家として生きてきた一人の百姓です。そんな私が、このような貴重な場で発言する機会をいただいたことに感謝をし、40年間コメ農家として生き続けてきた想いを込め、新しいコメ政策に対する私の考えをお話しします。

これからの農政に向けて

　まず、「主語があるコメ農政を望む」ということです。これからのコメ政策を考えるうえで大切なことは、国政としてやるべきこと、生産現場が担うこと、それぞれの役割を主語をもって語ることです。責任の所在を明確にした政策転換が望まれます。「国の食料安全保障の観点に立った農政の展開は国政の根幹」ということです。また、座長の中村先生の話にありましたように、総兼業農家体制によるコメ農政を総括することなくしてこれからのコメ政策は語れません。これまでの農政の中で、食料安全保障政策としてのコメ政策が果たしてあったのか、おおいに疑問をもっています。田んぼから見えてくるのは、現状追認、後追いツギハギ農政だけです。国策としての農政と農村地域福祉政策が常に混在した中でのコメ政策という分かりにくい農政が続いてきました。日本のコメ作りは、農業経営として守るのではなく、地域づくりを前提とした総兼業コメ農家体制で守り、守られるという暗黙の了解の下でのコメ農政が続いてきたといえます。農政として生産構造改革を唱えてきたものの、政策遂行の中で、県・市町村・JAなどコメの生産調整に関わる機関が国政を無視し、総兼業コメ農家体制を必死に維持してきたとしか思えません。しかも、国もそれを黙認し、積極的な指導監督もしてこなかったといえます。日本のコメ政策は、総兼業コメ農家体制で今日まで進んできたという現実を総括しないでこれからのコメ政策は語れません。すでに、生産現場では兼業コメ農家の担い手不足や、低米価による収益悪化に伴う兼業コメ生産体制の維持が極めて困難になったことなど、コメ政策を待たずに、これまでのコメ政策の前提条件は急激に崩壊しています。それに対し生産現場の担当者や国の政策担当者も自信を持った将来展望を示さないまま、また政策を大きく変えるといいます。そんな話はないでしょう。

　ところで、私は「地域と共に育った稲作経営者が担い

手の中心になってこそ、コメと農村社会が守られる」と信じています。兼業農家によるコメ作りを否定はしませんが、コメの生産及び農村地域社会を守り育てる事は、その地域で育った稲作農家の役割です。それを担うのは、その自覚と誇りを持った稲作農家であり、いまは極めて少なくなってきた、地域に根差した稲作農家を「稲作経営者」として育てる事で、農村地域社会を活性化できると信じています。稲作経営者は、事業の責任者として責任あるコメの生産体制を確立することはもちろんのこと、その利益を地域社会に還元することが求められていると私は考えています。単なる利潤だけを追求する一般的な企業家とは根本的に違います。

これからのコメ作りを考えるのであれば、代々コメ作りを守ってきた生産現場で暮らしてきた私たち、生産現場を担ってきた百姓を信じこれからのコメ政策を語ってほしいのです。農家を信じることなく、単なる期待感と田んぼへの感情論だけでコメ政策を論じることはあまりにも無責任です。私たち農家も、そんな農政を信じませんし、誇りを持った稲作経営者が育つわけがありません。生産現場を支えている農家農民を信じたコメ政策の展開が求められます。

我が家の稲作農業

私の名刺には、「百姓　面川義明」とあります。我が家は、昨年2月に法人成りし「面川農場株式会社」としてコメ作りに取り組んでいます。法人化した現在でも、私の名刺は変えるつもりはありません。経営の法人化に対しては、ここ10年来模索してきましたが、一般的に言われている法人化による優位性が見いだせず、ただ時間だけが過ぎました。しかし、東京で建築設計の仕事をしていた次男が家で働かせてほしいというので、昨年の2月に法人化し「面川農場株式会社」として新たにスタートしました。次男からコメ作りの仕事をしたいので働かせてほしいといわれた時点で即、法人化することを決めました。将来を考えたとき、誇りをもって働ける職場になるよう企業としての形態を整えなければならないと考えたのです。1年目の決算も無事に終え、2年目を迎えたところです。代々営んできた、田んぼと寄り添う暮らしを守るためであり、田んぼに積極的に投資してきた稲作農家として生き残りをかけた大きな選択でもあります。

先ほども申しましたが、コメと農村を守っていけるのは、地域で生まれ育った稲作経営者であり、代々続いてきた稲作農家の子弟を稲作経営者として積極的に支援し、育てる事が必要です。現在、農家の担い手育成策としては、新規就農者の支援に重点が置かれ、親元就農する者に対してはあまり考慮されていません。特に稲作など土地利用型の農業にとって、農地の関係を無視して経営は語れません。それを最も理解しているのは地元に根付いた稲作農家であり、その子弟を経営者として育て上げることが担い手対策として最も有効です。その際、気を付けなければならないことがあります。支援の条件として経営の法人化を最優先の条件とすることです。極端なことを言えば、法人化の意思のないものは支援すべきではありません。中途半端な支援は、やめるべきです。この点を怠った場合は、健全な担い手が育つどころか、ますます農村は荒廃します。地域の担い手となるような稲作農家は、法人経営を目指すべきですし、コメ農政の中でもそのような方向を明確に打ち出し、将来のコメ作りを語ってほしいものです。

私は現在、地元の土地改良区の役員や70戸余りの小さな集落の行政区長、そして多面的機能支払い団体の地域資源保全会の代表などをしています。代々稲作農家として暮らしてきた農家の長男として生まれ、稲作専業農家として生き残るべく必死に田んぼに寄り添い家族と共に生きてきました。今年の経営内容は、主食用のコメを29ha、二毛作として大麦8ha、大豆8haを作付けしています。借地による規模拡大が一般的ですが、私は借地に加え田んぼを購入し、自作地を増やすことで規模拡大をしてきました。就農当時は4haだった自作地は、今では16haになりました。地域の中では比較的大きな農家といえます。農地の購入資金は、全て政策金融公庫からの融資です。ただ単に大規模農家になろうという思いで規模拡大をしてきたわけではありません。稲作専業農家として生き残る術をその都度考えてきた結果として今の経営規模になっただけです。新食糧法が施行されてから20年が経ちますが、その時からコメはできるだけ自分で売ることを目標にして販路拡大に努めてきました。JAの委託販売は、ほんのわずかでお付き合い程度です。今では、ほとんどが自分で開拓してきた販売先となりました。

コメ政策転換への現場の雰囲気

来年度からコメ政策が変わるというお話が先ほどありました。もし、本当に農水省が本気で実行するならば、日本の農政史上画期的なものであり、農業者の意識改革や農村社会の構造改革にも通じる大改革になるでしょう。ただ、正直に申し上げますと、平成7年に新食糧法

が施行されたときや、民主党政権が誕生する前、当時の石破農水大臣が新たなコメ政策を打ち出したときに比べると、高揚感あるいは期待感は感じておりません。私の周りでは、政策が変わることを話題にすることも少なくなりました。それでもコメ作りを続ける仲間は、国からの交付金がなくなり、しかも生産調整から国が手を引くことでコメの生産が増えて余り、ますますコメが安くなり大変になるのでは、と心配しています。ただ、その声が極めて少ないのです。JAの生産現場を担う職員に来年度からどう変わるのかと聞いても、「いままでとほとんど変わらない」と返ってくるだけです。JAの担当者がそんなことで大丈夫なのかと話しかけるのですが、全くの思考停止状態です。本来であれば地域の将来のコメ作りに対し多くの議論を期待するのですが、その雰囲気すら感じられません。私は、そのことに最も危機感をもっています。稲作地帯のど真ん中にいるにもかかわらず、コメに対する関心がないということは、コメに暮らしを依存している仲間や農家が極めて少なくなったということを意味しています。こうしたことは、ここ2、3年で急激に感じるようになりました。

　これまでのコメ政策の中では、担い手への土地の集積による規模拡大や担い手の育成などの課題が取り上げられてきました。農政の課題として、政策として打ち出されたものが、国、県、市町村、JAなどの農業関係団体と、段階を経る度にその思いが徐々に薄れてしまっていることがあげられます。生産現場に届くころには従来の政策とほとんど変わらないという無責任な政策を進めてきたといえます。担い手を育成することは選別農政だと受け取られ、あえて農業関係団体も、農家も真剣に考えようとはしませんでした。皆さんもご存知のように、コメ作りを続けるには地域全体で考えることが多くあり、地域社会を無視して日本のコメ作りは語れません。しかし、私はそれだからこそ地域のコメ作りの核になる稲作専業農家の育成を就農当時から唱えてきました。言うなれば、総兼業稲作農家によるコメ作りを維持するためにも、核となる稲作専業農家の必要性を訴え続けてきました。40年前、就農して間もないころ、当時の市長に、「それでは大きな農家はいいが、小さい農家はどうなるのだ」と言われたことが、今でも忘れられません。その言葉が私のコメ作りを考えるうえでの原点でもあります。本来であれば、農政の中で総兼業農家によるコメ作りの有効性を唱えるべきところを、常に表に出てきたのは規模拡大による稲作農家の育成という言葉のみであり、日本のコメ作りは総兼業農家体制で守るのだということを、大きな声で表明してこなかったといえます。それはなぜでしょうか。農業関係団体の職員を含めて、農政に携わっている多くの人が多少なりともコメ作りに携わる兼業コメ農家であり、規模拡大による専業的稲作農家の育成という一般国民に分かりやすい政策を唱えることで、農林予算を確保しその恩恵を享受してきたといえます。コメ農政は、常にその場限りのご都合主義でやってきて問題を先送りにしてきたことが、ここ数年で一気に表面化してきたといえます。担い手育成にしても今となっては中途半端であり、いまこそ自覚と責任ある稲作経営者の育成を明確に打ち出すときです。これまでのコメ政策を評して、片足でアクセルを踏みながらもう片方でブレーキを踏むような農政だといわれてきました。特に、コメの販売に関する新しい動きについては、常に他人の目を気にしながらの経営を求められました。これでは、若い担い手が育つわけがありません。そんな時代は、もう終わりです。稲作を取り巻く環境はこの1年で激変しました。コメ農家の根幹である田んぼが、資産どころか負の財産となりつつあります。田んぼは産業としてコメ作りに携わる者にとって、生産工場であり、最も大切な生産財の一つといえます。問題なのは、田んぼを有効に活用するという意識をもった稲作経営の担い手がほとんど育っていないところです。具体的に誰がコメ作りを担うのかが喫緊の課題となってきました。戦後の食糧難の時代を必死になって支え、また兼業体制によるコメ生産を担ってきた多くの先輩たちは80歳を超え、年追うごとにリタイアしてきました。その農地の引き受け手として、担い手農家に集まり始めました。確かに何十haの稲作経営といえば聞こえはいいのですが、いまだに国から頼まれて田んぼを耕しているという意識でコメ作りをしている農家も見受けられます。急激な規模拡大による生産技術の未熟さから、捨てづくりともいえる田んぼを見かけるようになりました。これまでのコメ農政のひずみが一気に表面化してきました。先ほども申しましたが、それらを解決する有効手段の一つとして、地域の担い手となる稲作経営者には法人化を義務づけることです。それと共に法人経営を目指す経営体に対し積極的に支援する農政に変えることです。

　拙い報告でしたが総合討議の場でも、またお話しさせていただければと思います。ご清聴ありがとうございました。

第2報告

JAいわて花巻の水田営農の取り組み

JAいわて花巻代表理事組合長　阿部　勝昭

JAいわて花巻の取り組みを紹介する阿部組合長

　岩手県JAいわて花巻の組合長の阿部勝昭と申します。東京農業大学の髙野学長とは同学科の同級生です。6年4か月前、東日本大震災の翌日、髙野学長から何か手助けすることはないかという言葉をいただき本当に感激いたしました。今、北九州地方は豪雨により大きな災害に見舞われていると聞いております。被災された方々につきましては、心からお見舞い申し上げるとともに、早い復興を願っております。

　私の報告では、コメ現場のJAとして、水田への取り組みについて、どういう対応をしてきたかということをお話しさせていただきたいと思います。

JAいわて花巻の概要

　JAいわて花巻は、岩手の中央部に位置し、東西120km、太平洋から秋田県境までをカバーしています。平成20年、農家組合数が580、農家組合員の戸数が21,000戸ありましたが、集落再編を経て、平成28年には368まで集落を合併・統合させました。結果として、1農家組合当たりの平均戸数が50戸になりました。当時、すでに30戸を割る農家組合があり、このままでは集落営農を実施することができなくなるということで、集落再編を積極的に実施してきました。当然、地域の反発もありましたが、水田営農を続けるために必要なことでした。

　管内の水稲作付面積は16,539haで、日本全体でほぼ160万haですので、約1％の水稲面積を有しているJAです。貯金残高は2,587億円と、都市部のJAに比べれば少ないものの、東北地方としては多い貯金残高をもっています。農産物の生産額は、28年度は238億円、そのうちお米が51％、畜産が34％、野菜が15％という構成になっています。購買事業は、大震災直後は代替飼料や除染資材などで80億円を超える取り扱いがありましたが、現在は震災以前の水準に戻り、肥料・生産資材が約60億円の取り扱いになっています。

　強調しておきたいのは部門別の損益状態です。JAのあり方に関して、近年、信共分離ということがいわれています。一般的には、信用・共済事業での利益を営農事業で使っているということですが、28年度の利益は8億8千万円です。なお、営農指導費の配賦前では、信用事業で4億円、共済事業で5億円、農業関連事業で9億円、生活その他事業がマイナス2億円、営農指導事業がマイナス7億円となっておりますが、配賦後でも営農関連事業で4億6千万円の利益を得ており、営農関連においても利益を出している数少ない例として、自負をしております。

　協同組合のあり方について、私は、やはり総合事業であるべきだと思います。購買・販売・指導・利用という

図1　JAいわて花巻の平成28年度部門別損益

営農活動があり、金融・共済・生活・福祉という暮らし活動があって、女性部・青年部活動や農家組合・生産部会という企画管理があります。「協同」は、共に心と力を合わせて物事を行うことを意味しますが、「共同」は、同じ条件・資格で力を合わせて物事を行うこと、そして「協働」は、役割分担などを事前に決め協力して働くことです。まさにこの「共同」は、営農活動・くらし活動・企画管理、それらがあっての「共同」だと思いますし、例えば営農活動の中でも購買や販売などの部門を捉えれば、「協働」になるだろうと思います。JAとしては、やはり総合支援でなければ、農協、JAとはいえないと思います。

　そのために、経営理念として、①組合員の豊かなくらしをつくります。②「農」と「共生」を基本とした地域社会をつくります。③経営基盤の強化と効果的・効率的な事業運営をすすめます。④活力ある職場をつくります。という実践項目を掲げました。また、第3次中期経営計画では、当然、農業者の所得増大、農業生産の拡大を基本目標に展開していますが、それをどう具現化するかということをこれから報告させていただきたいと思います。

コメの取り組み

　JAいわて花巻のコメの販売ですが、平成28年産で51,000トンの主食米を全農の委託共計で販売しています。これは集荷したコメの約90％です。JA全農の岩手県本部の集荷は12万トンですが、そのうちの主食米41,000トンがいわて花巻からの入庫です。岩手県全体の35％のシェアをもっていることになります。加工用米や飼料用米もすべて委託共計ですので、それを含めると約40％を入庫していることになります。その意味では、非常に特異的なJAです。水稲面積も岩手県内の30％のシェアをもっていますが、主食用米に限ると35％になっており、「販売を系統へ丸投げ」しているのではなく、「岩手県産米を丸抱え」で販売していると思っていただいて間違いはありません。

　飼料用米については、2008年、コープネット事業連合の「お米育ち豚」プロジェクトの取り組みとして、22.2haから始まりました。今は最高で10a当たり105,000円の補助金がもらえますが、当時は、産地交付金で35,000円しか奨励金がありませんでした。そうはいって

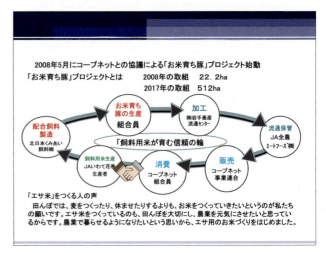

図2　新規需要米（飼料用米）の取り組み

も取り組んでいかなければならないということで、コープネットの組合員に豚肉を若干高く買っていただき、その分を生産者に還元するという仕組みをつくりました。2年後には、神奈川県のユーコープ事業連合との「茶美豚」が始まり、約15haになりました。あわせて約40haですが、顔が見える、結びつきのある飼料米生産を実現できました。飼料用米そのものの作付は2017年には512haまで伸びましたが、生協の結びつきによるものは、40haとほとんど変わっていません。生協の組合員と交流を図って、顔の見える飼料米生産が1割、他の9割は配合飼料メーカーなどに供給しています。

　水田フル活用への取り組みが、コメ政策として全国で進められていますが、実は、JAいわて花巻では、非常に「深掘り」（生産調整の目標を超過して実施すること）が進んでいます。基調講演で、需給が達成されてきているというご指摘がありましたが、29年は契約数量で2,000トン少なくなっています。当初は、ちょっとしたきっかけで加工用米に力を入れ始めましたが、今ではそのほとんどを兵庫等の大手酒造メーカーへ供給しています。したがって、現在力を入れているのは加工用米であり、備蓄米も減っていて、主食用米も当然減ってきています。飼料用米も意図的に減らしています。基調講演では、まだまだ需要が見込めるというお話でしたが、当JAでは加工用米に軸足をおいて将来的には5,000トンの供給を行いたいと計画を進めております。

　先ほどEUとの経済連携協定で大筋合意があったという話題がでておりましたが、当JAの加工用米の主要供給先である白鶴酒造さんでは、日本酒を容量の大きなバ

ルクでヨーロッパに輸出しているそうです。そうした日本酒の輸出が伸びていると聞いております。玄米を輸出するだけではなく、このようにお酒として2次加工されたものが輸出されるということも、輸出促進の一つの手法ではないかと思っております。

ちなみに、白鹿という日本酒銘柄で有名な辰馬本家酒造さんでは、「ひとめぼれ」という純米酒を販売しておりますが、これは当JAのひとめぼれを使ったお酒です。また、白鶴酒造の純米吟醸酒も私どもの加工米ひとめぼれでつくられています。原料を加工用米事業で生産していますので、4合瓶が1,000円以下で売られています。このように、ますます「深掘り」になって、主食用米が足りなくなってきて非常に困っています。コメの卸会社からお米が欲しいという要望をいただいていることはうれしいのですが、その一方で農家にはもっと農協に出荷してほしいとお願いしている状況です。

また、主食用米の需要は、基調講演でも指摘されていたように、中食・外食が増えています。家庭内でのコメ消費が減っていると再三いわれているにもかかわらず、多くの県で主食用のオリジナル品種をつくって、未だに高級志向でいっています。高くても美味しいお米を食べるという一部の嗜好者のために、オリジナル品種をつくって一生懸命生産を奨励しているのです。しかし、当JAでは、主食用米、加工米、備蓄米そして飼料米もすべて同じロットから振り分けています。したがって、加工用米も備蓄米も主食用米と同じ品種で、同じカントリーエレベーターから振り分けて流通させています。そのため、品質への信頼性もありますし、ロットの確保もできています。中食や外食の需要者には、加工用米は値頃感があり非常に使い勝手がいいと評判です。食味志向というのが今のトレンドであるという方がいるかもしれませんが、私は、中食・外食の需要が中心であると思いますので、JAもその方向で進めているところです。

JAとしての広範な取り組み

こうした取り組みも、一朝一夕にできたわけではありません。その布石は、やはり農家再編でした。予約肥料・農薬の利用率向上を目的に、共同購入・共同販売を始めた結果、購買事業の予約販売の予約申込書の回収率は、肥料で93％、農薬で88％になりました。また、水稲箱施用剤や水稲いもち粒剤を前年の水稲面積に対して配布しました。当然多少の返品も発生しますが、その返品を引いた箱施用剤の実質的な配布率は、花巻が85％、平均で76％と約3分の2の農家が配布したものをそのまま使っているという状況です。なお、いもち粒剤は無人ヘリの共同防除もあるので、実施率は箱施用剤より低くなりますが、無人ヘリの分を入れれば箱施用剤と同じような状況になっています。やはり、農協は農家組合と一緒になって課題を解決する、寄り添うということが、このような結果を生んでいるのではないかと思っております。さらに、肥料工場が当地域内にあるので、そこと一緒に10a当たりの施用量をさらに10kg減らし、全体で10～20％の肥料費の減少を目指して資材の低コスト化にも取り組んでいます。

もう一つ特徴的なのは、共乾施設（カントリーエレベーター）の自主運営です。カントリーエレベーターは、通常JAが事業主体となっているのですが、当JAは以前から受け皿法人をつくって、そこが自主運営をしています。10年前、当JAの固定比率が悪化し、花巻東部カントリーエレベーターの新設が危ぶまれました。しかし、地元の人の要望もあり、自主運営をするということで受け皿となる利用組合法人をつくり、3,000トン規模のカントリーエレベーターをつくりました。それが10年経って、今では運用率が100％を超え、配当も行えるようになり、健全経営を行っています。この成功事例をもとに平成26年には種子センター、去年は3,000トン規模のカントリーエレベーター、そして今年稼働予定の3,000トンのカントリーエレベーターが利用組合法人により自主運営されています。施設整備には、国庫補助が5割、行政補助が1割、JAも事業費の1割負担とし、自己負担は3割です。当然この3割は近代化資金などで、その法人がお金を借りてやりますので、本気になって経営します。農協がこういう共乾施設をもつとだいたい赤字になりますが、自主運営すると黒字になるということです。

当JAでは、米集荷200万袋運動を展開しています。昨年は188万袋で200万袋には届きませんでしたが、平成27年には200万袋で6万トンの集荷を実現しました。

JAは当然、信用、販売、購買、利用、4つの歯車がうまく合わなければいけません。そのためには指導が重要ですが、農協の職員だけでは限界がありますので、「農の匠」として、生産調整、野菜や果樹について、篤農家に委嘱して現場指導をしていただいています。やは

図3　篤農家に「農の匠」を委嘱

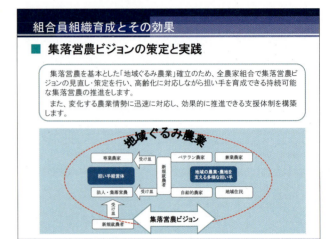

図4　集落営農ビジョン

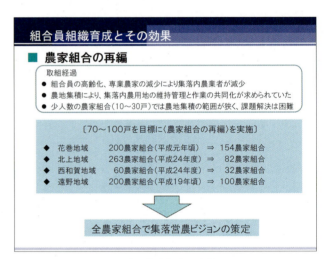

図5　農家組合の再編

り、どのように農家組合を育成するかが重要です。組合員組織活動を充実させるためJAが2億2,000万円をだして、営農組合と生活組合、生活部長、それらを核として一生懸命組織育成をしています。農家組合活動の基本項目を具体的にあげ、とにかく力を入れて取り組んでいます。そうした活動のためにも、集落営農のビジョンをもつことは大事です。集落営農ビジョンを集落で描くためにも、集落再編によって50戸以上の集落営農にしなければいけません。そこでは、専業農家とともに地域農業を進めていく必要があります。

　そして、何よりも需要なのは農家組合の再編です。地域の文化などいろいろなしがらみがありますが、20戸や30戸の農家組合で地域ぐるみ農業はとてもできませんし、担い手もおりません。農業を維持していくには、やはり地域を広げて、農家を生み出さなければならないのです。そうはいっても、70歳、80歳でも一生懸命頑張る人もいますので、そういう人も発掘しながら、集落ぐるみ農業を実現していく必要があります。JAいわて花巻は、とにかくそこに傾注している状況です。

　そうした取り組みの結果、農地集積が進み、平成27年には、農地中間管理事業の地域集積協力金は44人、経営転換協力金は1,100人、耕作者集積協力金は600人が交付対象となり、12億3,200万円の事業となりました。法人化はあくまで手段であり、目的は法人化して農家所得を上げることです。この事業を足がかりにして、農家所得の向上にこれからどうつないでいくかを指導していかなければならないと思っております。

　以上で報告を終えたいと思います。ご清聴ありがとうございました。

第3報告

コメの消費拡大の技術開発（飼料米）

東京農業大学農学部畜産学科教授　**信岡　誠治**

飼料米について報告する信岡教授

　東京農業大学農学部の信岡と申します。私が東京農大に移って今年で11年が経ちますが、当初から飼料米に取り組むつもりで赴任いたしました。それまで、農林水産省の方々ともお付き合いがありましたので、当時の食糧部の方たちや畜産部の方たちに赴任の挨拶に行ったことがありました。しかし、今度エサ米をやることになりますと連絡したとたん、「くるな」といわれました。そのくらい、当時は「エサ米」がタブーだったのです。

　その時、農水省の課長補佐さんが、「補助金さえもらわなければ何を作っても自由だ」と言いました。要するに、国から補助金をもらえば、いろいろな制約がでてきますが、そうでなければ自分で勝手にやっていいということです。現在、私はコメをつくっていますが、補助金をいただいているわけではないので堂々と食用にもしています。

　さて、今日与えられたテーマは、コメの消費拡大です。食用米は需要が減る一方です。農大のキャンパスで一昨年、全農さんの協力で安くコメを卸してもらい、生協のご飯の値段が半値になった期間がありました。約1か月間でしたが、消費は増えませんでした。福島県のJAの協力で2〜3週間無償で提供したこともありました。しかし、ごはんが「ただ」になったからといって2杯食べる学生はいませんでした。値段を下げても「た

だ」にしても、消費量は増えません。これは非常にショックでした。

飼料用米の政策と生産の現状

　一昨年3月の閣議決定で、飼料用米等の生産拡大を位置づけ、平成37年の生産努力目標は110万トンとされています。さらに、目標の達成に向けて、水田活用の直接支払交付金など、必要な支援を行うこととしています。いわゆる減反がなくなることで、それに使われていた奨励金が3,150億円です。その約3分の1の1,000億円近い税金が飼料米生産の支援に使われていることになります。実は、この支援は法的な担保なしに行われています。国が今まで行政として関与してきた制度から外れ、これからは皆さんが談合して減反をやるということです。これは、民間が自主的にやることだからいいのではないかと簡単に思われるかもしれませんが、実は独禁法に抵触すると思われます。そう考えると、ある程度行政の関与は、今後も避けられないと考えられます。

　先ほど天羽部長さんからもご報告がありましたが、コメの消費が減り、毎年1万8,000haずつ田んぼでつくる食用米が余り、その分を飼料用米に転換するとして現場では指導が行われています。それが功を奏して飼料米の生産は順調に伸び、WCS（ホールクロップサイレージ）

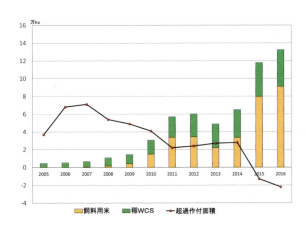

図1　飼料用米等の作付けと超過作付面積の推移

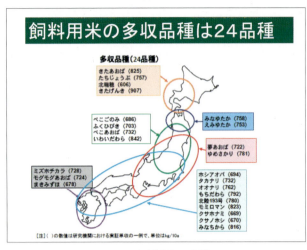

図2　飼料用米の品種

写真1　多収品種「オオナリ」(右)と「キヌヒカリ」(左)

と合わせると13万ha近い面積で作付されています。今後もさらに伸びると思います。そうして、今やコメの超過作付面積はマイナスに転じ、米価も何とか持ち直しています。

　飼料用米への交付金は、収量に応じて、10a当たり5.5万円から最大で10.5万円です。そして、飼料米を生産しているのは、ほとんどが大規模経営で7割方は5ha以上の経営層です。兼業農家はいないといっていいでしょう。私は、福島県の南相馬市で飼料米をつくっていますが、すでに生産量の85％が飼料米です。その意味では、飼料用米が本作になってしまっています。福島県の場合は、食用では値段をどんなに下げても売れないという事情もあり、否応なしにそうなっているのかもしれません。福島県では、現在でも作付規制がかかっている圃場がたくさんありますから、それが解除されれば、まだまだ増えるでしょう。

　飼料用米の品種は、北海道から九州まで、全国で24品種あります。私のところでも、作物研究所から次から次に送られてくる新しい品種について試作をしていますが、品種が多くて覚えきれなくなるほどです。私はオオナリと関東飼271号を作っていますが、私のような素人でも、籾ベースで毎年1トン前後、玄米ベースで800kg程度は穫れています。できるだけ田んぼには行かず、手間を掛けないようにしています。

　私みたいな素人がやっても800kg穫れるのですから、農家の皆さんはもっと穫っているかと思いましたが、27年産の単収分布をみると、全国平均で555kg（玄米）となっています。多収品種の平均でも567kgです。多収品種の作付割合は43％となっています。もっともこの多収品種には、県知事特認で多収品種として扱っている食用米品種も含まれています。

飼料用米利用の現状

　このように、飼料米を作るほうは順調に進んできていますが、問題は出口、つまり利用です。先ほど天羽部長さんから450万トンが利用可能であるというお話がありました。私も、鶏、豚、牛、マウス、羊、そして犬猫にも給与試験を行いました。

　そうした試験の結果からみると、籾の状態で給与しても、動物への給与自体はまったく問題はありませんでした。ただし、エサですから、農薬残留があっては困ります。したがって、省農薬で生産します。初期除草剤はやむをえませんが、使用するのはそれだけです。もちろん、出穂後に殺虫剤は使用できません。

　先ほど、天羽部長さんから、飼料用に使われているコメには様々なものがあると解説していただきました。配合飼料メーカーで使っている飼料米で、最も多く使われているのが、主にアメリカから輸入されている輸入アクセス米（MA米）で、これは精白米です。実は、精白米は、栄養価の面でみると、家畜にとってあまり良くありません。飼料に精白米を10％以上混入すると肉質が低下してしまいます。ほかに、政府から放出される備蓄米がありますが、これは古米で、玄米です。何年も経過して劣化したものですから、家畜にたくさん与えていいわけがありません。今、私たちが取り組んでいる飼料米は、できるだけ高タンパクで残留農薬のない、しかも農家が

図3　現場での畜種別飼料用米給与事例

つくりやすいものを目指しています。

　余計な資材は投入しませんが、堆肥だけは、当初から窒素量成分量で10 a 当たり50〜60kg、多いときで100kgも入れていました。それを10年も続けています。そのためか、未だに単収は落ちません。これも、今までのコメづくりの常識では考えられないようなことかもしれません。

　飼料米の27年度の使用料は122万トンですが、その半分以上は、MA米や備蓄米です。一方、私たちがつくっている飼料米は50万トン程度です。先ほど、利用可能量として450万トンといわれましたが、それは家畜の生理や畜産物に影響を与えることなく給与可能と見込まれる水準です。そして、調製や給与方法等を工夫して利用すべき水準を考えれば、859万トン。さらに、様々な影響に対し、調製や給与方法を十分に注意して利用すれば、最大1,000万トンは利用可能であろうとみています。

利用拡大に向けて

　飼料用米の利用を拡大するには、畜産物そのものが、国民にとってより健康なものであることが望ましいのですが、実際に畜産物を作ってみると、味がよいものができることがわかりました。それは、牛乳、豚肉、牛肉、鶏卵、鶏肉に共通していえることです。飼料の主原料となるお米とトウモロコシの成分の差が、そのまま畜産物に現れますので、当たり前といえば当たり前です。飼料米を給与した畜産物の特徴をひとことでいえば、オレイン酸系統のオメガ3脂肪酸が少し増えて、確実に減るのがリノール酸系統の脂肪酸であるオメガ6です。こうした特徴が、畜産物に直接でてきます。

　国はこれらの畜産物をブランド化しようという事業（米活用畜産物等ブランド展開事業）に取り組んでいます。しかし、まだPR不足でもありますので、今後認知度をどうあげていくか、みなさんと一緒に取り組んでいきたいと思っています。全国でも、ブランド化の事例が多くでてきました。農林水産省のホームページに掲載されているので、是非ご覧ください。

　先ほど、コメの特徴がダイレクトに畜産物に現れると申しましたが、飼料米を家畜に与えると、畜産物は「すっきり」した味になります。脂肪の色は白くなります。オレイン酸やリノール酸の割合の変化なども、分析データに確実にでています。ということは、トウモロコシ主体の今までのような飼料を使った畜産物とは、味が少し変わるということです。つまり、トウモロコシの味とお米の味は違うので、この味の違いを消費者に納得してもらう必要があります。そして今、現場で一番問題になっているのはコストです。保管・流通と生産のコストを大

幅に引き下げていかないと、飼料米は本物になりません。

給餌技術の開発と低コスト化に向けて

　給与方法としては、鶏は、粉砕する必要がないので、籾のまま与えます。ブロイラーも採卵鶏も同じです。豚と肉用牛、乳用牛には、できるだけ細かく粉砕したほうがいいということがわかってきています。

　東京農大と神奈川県の畜産技術センターとの共同研究で、採卵鶏を使って様々な給与試験を行った結果、生まれた直後から籾を与えたほうがいいということがわかりました。育成中期、つまり途中から与えると、産卵率が低下するなど、成績が悪くなるようです。生まれた直後から籾を与え、24時間後に解剖してみると、第1胃の筋胃の中にはすでに籾が入っています。消化器官がまだ十分に形成されていない段階ですが、かえってそのほうが様々なホルモンの分泌を促進するようです。筋胃も明らかに発達した状態がみられました。これは消化率の向上につながると思われます。既存の配合飼料に比べてカロリーは低いものが給与されているわけですが、産卵率等の成績は変わりません。先ほど申し上げた脂肪酸組成の変化についてもう少し詳しく説明すると、リノール酸などn-6系列の多価脂肪酸が低下する一方、オレイン酸などn-3系列の多価脂肪酸がやや増加するため、n-6/n-3比率は、8から5に低下しています。こうした影響が畜産物に素直にでてくるわけです。

　豚も同様に、人工乳給与の段階から、籾を細かく粉砕したものを混ぜて与えます。高価な脱脂粉乳の代わりにライスミルクにします。試験の結果、肥育後期（112日齢～出荷）では75％まで粉砕籾米を配合しても、増体成績はそれまでの配合飼料給与に比べてまったく問題ありませんでした。ただし、肉色は少し淡い色になります。

　乳牛への給与試験は、国内で最大規模の牧場に協力していただきました。10年前から飼料米を利用していただいていますが、2～3年前で1,500トンだったので、今ではさらに増えているのではないでしょうか。配合飼料の主原料として多給されているということです。

　現在は籾で牧場に供給していますが、当初は玄米で流通させていました。そのとき、一番の問題が、気温が上がってくるとコクゾウムシがたくさん湧いてくることでした。虫がでていると、運送会社は運べません。エサですから、殺虫剤は使うわけにはいきません。したがって、低温にして虫が活動しないようにして運送していただきました。もちろん、保冷状態ですので運賃コストは余計にかかります。

　保管コストは、玄米の場合、ワンシーズンでkg当たり9円かかります。配合飼料メーカーは、MA米や政府備蓄米の放出米を毎年6月頃までには使い切るようにしています。そうでなければ、保冷庫に保管するなどコストがかかるためです。そういうわけで、飼料米は周年供給できないという問題があります。そうした問題を解消できないかと、私たちは、籾の状態で野外でも保管できるフレコンバッグを共同開発しました。このフレコンバッグは耐水性があって10年以上使え、若干割高ではありますが、kg当たり5円ぐらいのコストで保管ができます。

　東京農大のOBが青森県で養豚経営している農場では、高さ13m・幅40m・長さ75mという巨大な飼料倉庫をもっています。6,000トンから7,000トン収容できるもので、ここに、籾の状態の飼料米を保管しています。昨年の秋に入れ始めたところ、すぐに満杯になって、今もう一棟を建設しているところです。今年は1万3,000トンくらい収容できます。30年産の飼料米を入れるため、次々に契約をとっています。こうした施設整備は、補助金を使わずにすべて自己資本で行っています。このような動きをみると、農協よりも畜産農家のほうが飼料用米の利用に対して素早い対応をしていることがわかると思います。

　以上で、私の報告を終わりにします。

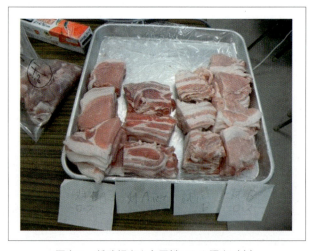

写真2　粉砕籾米を主原料にした豚肉（右）

第4報告

コメの消費拡大の技術開発（米粉）

東京農業大学応用生物科学部食品加工技術センター教授　野口　智弘

米粉について説明する野口教授

　東京農業大学の野口でございます。本日はこのような機会を与えていただきまして、感謝申し上げます。私の報告は米粉に関係したお話です。信岡先生の飼料米についての報告では、未来が開けていくような景気のいいお話もありましたが、米粉に関しては少し苦戦している分野ではないかと思います。

　先ほどもご紹介がありましたが、今年の5月27日に日本米粉協会が設立されました。米粉自体が話題になったのはかなり前ですから、「なぜ今頃」という感触をもたれた方もいるかもしれません。しかし、これを機に、米粉の利用がさらに増えていくことを私も期待しているところです。

　日本におけるコメの消費が急激に減ってきていることは、今日のシンポジウムでも再三指摘されています。国内のコメ消費と食料自給率の推移を見比べれば、主食のコメの消費量が減少するにつれて、当然、カロリーベースの自給率が大幅に下がってきていることがわかります。つまり、自給率低下の大きな原因の一つがコメ消費の減少であるということです。そして、食料自給率の低下、すなわちコメの消費が減ると、水田の利用率がどうしても下がってくることになります。

　私どもは、これまでいろいろな方たちと米粉について検討を重ねてきました。国から補助金等をいただいた取り組みに参加させていただいたこともございます。そうした場で、主食用米消費が減って余った水田をどうするのかという話になったとき、まずは自給率の低い、麦、大豆、飼料作物等の生産を促進しようという話がでてきます。たしかに、ここを米以外に置き換えれば問題ないのですが、なかなか農家さんはコメ以外のものをつくりたがりません。機械装備や栽培技術の問題もありますし、特に兼業農家にとっては負担になって、コメ以外の作物に踏み込めないという事情があるようです。そういったことから、やはりコメをつくらざるをえないのが現状ではないでしょうか。

　そういったなかで、平成20年度産から試験的に新規需要米制度が実施されました。ここでの新規需要米には、飼料用のほかに、米粉用、バイオエタノール用、輸出用など様々な用途が考えられています。私の今日の報告は、この米粉用の部分についてです。新規需要としての米粉といった場合、お団子やお菓子、味噌のように以前からお米が使われていたものはカウントされません。そういうものではなくて、新たなものに向けた米粉利用を開発していくという意味合いです。つまり、パンや麺、お菓子の中でもスポンジケーキなどに利用できる米粉をつくることを目指します。

　私たちが主食から摂取するエネルギーのうちの、コメ

図1　主食からの摂取エネルギー比率の推移

と小麦の関係の推移をみると、お米から摂るエネルギーが減ってきていて、小麦は維持していることがわかります。主食としての摂取カロリーは減っているにもかかわらず、小麦から摂るエネルギーの割合は維持されているのです。したがって、この小麦の代替として米粉を使っていくことが米粉の利用拡大につながるのではないかと政府は考えました。そして、平成22年度の食料・農業・農村基本計画に基づいて、食料自給率50％目標に向けた取り組みの一つとして、米粉利用のスタートが切られました。

基本計画では、当時、年に0.1万トン程度だった米粉の利用を、平成32年度までに50万トンにするという目標が立てられました。また、88万トンだった国内産小麦の利用も180万トンまで拡大するとしました。輸入したものから多くのカロリーを摂っているため、カロリーベースの自給率が下がるのです。その小麦を国内産に切り替え、さらに国内産の米粉に切り替えることで、カロリーベースの自給率をさらに上げようとしました。こうした試算に基づいて、この12年間、様々な政策が行われてきました。

それでは、実際にどのくらいの国内産小麦がパン・麺等に使われているのか、米粉の需要拡大が議論されていた平成17年の数値をみてみます。パン用には小麦が約158万トン使われていますが、国内産はそのうちのたった1％で、99％の157万トンが輸入小麦です。現在では、ゆめちから、春よ恋など新しい専用品種がでてきていますので、少しは利用されるようになりましたが、それでも3％くらいではないでしょうか。一方、うどん用はその6割ほどを国内産で賄えています。したがって、パンに使われている輸入小麦の157万トンと、うどんに使われている輸入小麦の24万トン、さらにパスタ等に使われている輸入小麦のどれだけを米粉に代替できるかが、米粉政策の一つの方向性になっているのです。22年度の基本計画である50万トンの利用を実現するには、パン用だけでみても3分の1の小麦を米粉に切り替える必要があります。それでも、お米の消費量が何百万トンという単位で減ってきている一方で、米粉の利用を推進してもたった50万トンにしかならないという問題は残ります。

そうして、米粉推進が政策として走り出し、平成19年、FOOD ACTION NIPPONの一環として、米粉倶楽部が立ち上がりました。テレビでは、コメンテーターが米粉パンを食べて、「モチモチッとして、美味しいね」という姿がみられました。この感想にあるように、一般的にはモチモチ感があるパンができるとして、それをアピールしてきました。

米粉製造と利用技術

米粉が話題になる前、お米の粉としてよく知られていたのは、上新粉といわれているものでした。上新粉は、ロール挽きという粉砕方法で製造されます。このロール挽きとは、2本のロールの間にお米を通して、磨り潰す方法です。そうすると、比較的大きな塊の米粉ができますが、ロールが高速で回るので、粉自体の損傷が大きいという弊害があります。一方、胴搗といって、搗きながら挽く方法もあり、これは高級お菓子や最中の皮などに使われています。この方法は非常にゆっくり搗きますので、米粉自体の損傷が少なく、かつ細かい粉がつくれます。しかし、処理能力が低いという欠点があります。

こうした既存の方法に加えて、気流粉砕方式が最近開発をされ、利用されるようになってきました。これは、機械の中で気流を発生させ、米粒同士をぶつけ合うという方法です。乾式と湿式2方法ありますが、第一に熱がでないという特徴があります。また、この方式では大量に生産することもできます。実験データをみても、ロール挽によるものは粒子径が非常に大きく、損傷でんぷん量が大きいことがわかります。一方、湿式の気流粉砕方式だと粒子径が小さく、損傷でんぷん量も少なくなっています。それぞれの方式でつくった粉で製パン試験を行い、比容積と硬さをみてみました。湿式の気流粉砕方式

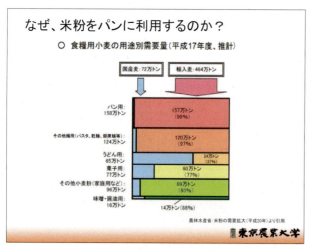

図2　食糧用小麦の用途別需要量（平成17年度）

では非常に大きく膨らんで、ロール挽きだとそれほど膨らまないという結果になっています。米粉を使うとパンがあまり膨らまないといわれたこともありましたが、湿式の気流粉砕方式を使うとよく膨らんで、柔らかくなります。

米粉普及の創成期には、国の補助金も使って、全国で41事業者が米粉用粉砕機を導入しました。52台の粉砕機のうち28台、半分以上が気流粉砕方式でした。当時、50万トンという目標を目指して、まず供給する側の機械設備が整えられました。

食品成分としての米粉

お米の品質あるいは成分については、様々な研究が行われています。例えば、アミロースは餅米だと0で、ジャポニカ米・日本米だと20%程度、タイ米やインディカ米では30%程度です。アミロースを非常に多く含んでいるタイ米を使うと形がしっかりとしたパンができますが、アミロース含有量が下がってくると潰れてしまって形を保つことができなくなってしまいます。しかし、アミロースが高いとパンの老化が非常に早まり、1日、2日経つとパサパサになってしまいます。したがって、アミロースの量は、中程度がいいのではないだろうかと考えられています。

このように、初期の検討によって得られた知見から、米粉パンに適した米粉の条件として、次のことがあげられます。粒子径が小さいほうがよい、損傷度が小さいほどよい、そして中程度のアミロース含量である、ということです。この3つの要件を整えた米粉を製造することによって米粉パンに適した米粉ができると考えられました。現在、スーパーなどで米粉パン用の米粉として販売されているものは、こういった条件を満たしているものです。

それでは、どの程度米粉を使っているものを「米粉パン」といっているのでしょうか。実は、100%米粉からできているパンもあれば、大手製パンメーカーの製品によくあるような、数%程度米粉が入れ込まれたパンもあります。ただし、大手の製パンメーカーのものですから、数%の量でも全体では非常に大きな消費量になります。街のベーカリーが手づくりで一生懸命100%の米粉パンをつくって売っても、米粉の消費量そのものはそれほどにはなりません。そう考えれば、数%米粉を入れるだけでも、消費量の拡大に確実につながるわけです。もっとも、このままではとても50万トンという目標には届きませんので、混入を20%〜40%、さらに50%、60%に引き上げていく取り組みも行われています。

小麦粉の代替として米粉を使う割合が高くなってくると、どうしても、小麦粉のパンをつくるときのタンパク質、つまりグルテンが足りなくなってきます。そうなると、グルテンを添加することになります。ただ、米粉パンを目指す方の多くは、グルテンを添加して無理矢理つくるのでは米粉パンの意味がなくなってしまうと考えていますので、代わりに、増粘多糖類が使われることが多いようです。小麦アレルギーをもつ子どものためのパンとして、ファミリーレストランなどで提供しているアレルギー対応パンの多くは、こういったものです。

米粉パンの大量生産技術確立に向けて

私どもでは、大量生産への適用を前提にして、米粉パンを製造できないか検討しました。そうなると機械が必要ですし、やはり価格の問題も考慮しなければなりません。家庭でつくるのとは違う工夫が必要になるでしょう。

先ほど、グルテンについて少しふれましたが、パンの製造でグルテンがどのような働きをしているのかみてみます。小麦粉と米粉を60対40の割合で混ぜたものに10%のグルテンを加え、フロアタイムの中でパンがどう変化するかを観察しました。メーカーで一度に大量にパンをつくると、それを分割して形にしていくまでに40分程度の時間がかかります。軽自動車ほどある大きなミキサーでパン生地を捏ねますので、製造ラインの最初と最後で

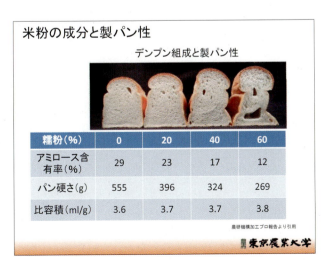

図3　米粉の成分と製パン性

図4　グリアジンの利用による製パン性の改善

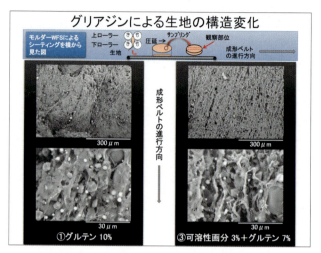

図5　グリアジンによる生地の構造変化

時間が大きくずれてきます。最初のうちは形のよいパンができますが、後の方になってくると穴が空いてきます。これは、グルテンの引っ張る力が強いために、穴が大きくなる現象です。こんな製品がスーパーなどで売られていたら買ってもらえませんので、メーカーにとっては非常に大きな問題になります。

こうした現象は、もっと柔らかくなるものを加えれば解消します。グリアジンというタンパク質は、グルテンの中にも入っている柔らかくなる成分です。グルテン10％添加をグリアジン2％とグルテン8％、グリアジン3％とグルテン7％というように変えて実験をしてみました。生地を丸めたときの硬さをみると、グルテンだけのときに比べ70％くらいまで柔らかくなりました。このような工夫をすることで、大量生産に結びつけられるのではないかと考えています。パンの表面を電子顕微鏡でみてみると、グルテンの引きが強すぎることによって生地が裂けているようなものが、グリアジンを与えることによって少なくなっていることがわかります。

先ほど初期の米粉に関する知見として、損傷デンプン量が少ないほうが米粉パンには適していると申しましたが、それを検証してみました。実は、米粉パンの創成期には、とりあえず膨らめばよい、少し不味くても見た目がよくなればよいという雰囲気があったことも否めません。しかし当然、美味しくなければいけないということになりました。そこで、通常使われている損傷デンプン量が少ない米粉パン用米粉と、わざと損傷デンプン量の比率が多いものをつくって、できあがったパンを比べてみました。捏ねて丸めた生地は、損傷デンプン量を多く

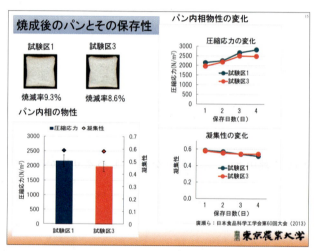

図6　焼成後のパンとその保存性

したもののほうが若干柔らかくなっていて、できあがったパンの硬さも、損傷デンプン量を多くしたパンのほうが柔らかくなっていました。さらに、保存したときに硬くなる度合いがゆるやかになっていくことがわかりました。一般的に米粉パンは2日、3日経つとどうしても硬くなってきて、パサパサ感がでてくるといわれていますが、このように少し損傷デンプン量を上げると、そうした欠点が薄まってくるという結果が得られました。

そして、実際にこれらの米粉パンを食べていただいて、比較してみました。埼玉県の学校給食会にご協力いただいて行った試験で、小中学生6,000名ぐらいに、米粉パンを食べていただきました。もともと埼玉県では、50％米粉を含んでいる「さきたまライスボール」を開発して学校給食に利用していましたので、使われている米粉に私どもの技術を加味してつくったものを学校給食で使っていただきました。さらに、東京農業大学附属の中

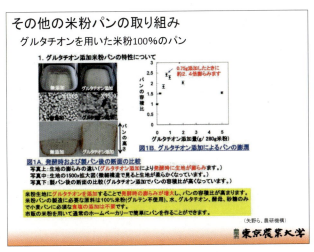

図7　グルタチオンを用いた米粉パン

学校の生徒にも食べていただきました。アンケートで「おいしかったパン」を聞いたところ、損傷デンプン量を少し上げたパンのほうがおいしいと答えた人が、そうでない人の倍ぐらいいました。したがって、使う米粉の状態を少し変えることによって柔らかみがでて、それを人の感覚がおいしいと感じるようです。また、おいしく感じた理由として、「柔らかい」「しっとり感がある」「モチモチ感がある」が多くあげられています。このように、米粉普及の初期には、とりあえずパンをつくるということだったのが、今では少し美味しくするという、新たなステージに入ってきていると思われます。

お米をパンに使うことは、米粉だけではなく、様々な活用が考えられています。例えば、炊いたご飯でパンをつくることも考えられていますし、最近では、米麹を使って米粉100％のパンをつくることもできるようになっています。さらに、グルタチオンという還元物質を添加すると米粉100％がさらに膨らむこともわかってきました。基本的には、もともとグルテンの中に入っているタンパク質を分解してあげれば膨らみがよくなるという仕組みのようです。まだまだ開発途中ですが、そのような技術でつくられた米粉パンが、そのうち皆さんのお手元に届けば、と思っています。

うどん用への米粉利用

農研機構北陸研究センターの研究により、米粉で麺をつくるには、高アミロース米を使う必要があることがわかっています。私たちが日常食べているジャポニカ米で麺をつくると、どうしても茹で伸びをしてしまいます。皆さんの中にはタイやベトナムに行ったとき、フォーという麺料理を食べたことがある方もおられると思います。フォーは高アミロースの現地のインディカ米を使っています。日本はこれまで低アミロース米で米麺をつくろうと一生懸命取り組んできたのですが、何も高アミロース米であるインディカ米をタイから輸入しなくても、国内でつくればいいのです。実は、そのような品種が国内でもつくられ、東京などでは食べられるお店があるそうです。

米粉利用の今後

現在、約150万トンのパン用小麦が使われており、そのうちの半分を米粉配合パンにするという計画でした。さらに、その半分の小麦粉を50％米粉に代えるとなると、38万トンの米粉を使う計算になります。一方、先ほどいったような、グリアジン添加など様々な技術の開発が進んできています。アメリカから輸入した小麦を使わなくても、国内産のうどん用の粉でもパンはできるようになってきました。わが国の北海道を除く多くの地域では二毛作が可能ですので、そこで麺用小麦をつくりパンへ応用することも考えられます。そうすると、現在国内産の麺用小麦の消費量は39万トンですから、それに匹敵する量が必要とされるわけです。したがって、米粉の新たな消費だけでなく国産小麦の新たな消費によって、これまで使われていなかった畑や冬の間休んでいた畑、これまでコメをつくっていたけれど需給の関係から主食米向けのコメはつくれない、そういったところの活用も考えられるのではないでしょうか。ただし、生み出さなければならない量は相当なものですので、その実現には、政策、そして消費者の動向が大きく左右すると思います。

先ほど、平成22年度の食料・農業・農村基本計画で掲げられた数字を申し上げました。しかし、最近の平成27年度の基本計画では、米粉の目標は10万トンに下方修正されています。一方、飼料米は、110万トンに上方修正されており、これを足すと、やはり主食米の減少分に相当します。したがって、水田フル活用政策によって主食用米の減少分約860万トンを何とかつくっていく必要があります。しかし、食料安全保障の視点からも、エネルギーの高い主食米を保護していかなければならないと思います。そのためにも、今後とも努力していきたいと思っております。以上です。ありがとうございました。

〈総合討議〉

写真1　報告者による総合討議

中村　報告者の皆さま、ありがとうございました。たいへん興味深く聞かせていただきました。時間があまりありませんでしたので、補足のためにこの場を使っていただいても結構かと思います。

　最初に、私からの問題提起としてここでうかがっておきたいのは、いわゆる生産調整の割当制が来年産から廃止されることについてです。非常に画期的なこの政策変化が、いったい農村にどのような影響を与えるのでしょうか。先ほど面川さんは、農村現場にはあまり危機感はないといわれたように思いますが、一方で、自分で考えて、ほんとうに売れるコメをつくっていくことについてとまどいがあると聞くこともあります。面川さん、ほとんど既成事実のようになっていて関心がないということでしょうか。

面川　先ほどは時間の制約もあって大まかな話しかできず、申し訳ありませんでした。生産調整が始まってから46年、様々な政策がありました。現場ではそれに向けて何とか生き残らなければと覚悟した時期もありました。覚悟をしたにもかかわらず、ふたを開けてみれば、立派な法律ができてもやっていることは40年前と同じです。実際にはほとんど変わらないままみんなでいきましょうという感じでこれまできてしまいました。もちろん、みんなでやっていくということも村で生きていく上で必要なことだと思います。しかし、それで10年後、20年後

写真2　座長を務める中村教授

写真3　質問に答える面川氏

に、果たしてきちんとした農業が続けられるのでしょうか。日本の食料供給を担っているなど大それたことをいうつもりはありませんが、田んぼに向かっているひとりの百姓として、多少なりとも国民のみなさんの主食になるものをつくっているという誇りをもちながらやってきました。私だけではなく、先輩方もそういう思いで昔から田んぼに携わってきたのです。私からみると諦めているというよりも、こういう問題意識を共有する仲間や農家がここ数年で極端に少なくなったことに非常に危機感をもっています。いざというとき、田んぼに責任をもってコメづくりをする百姓が実際何人いるのかという思いです。

中村 報告では生産調整の割当制がなくなることについての言及があまりなかったような気がしますが、阿部さんはいかがですか。

阿部 これに関しては組織として、先行きが読めないと思っていました。JAいわて花巻は深掘りしているくらいで、生産調整をきちんと守ってきました。例えば、飼料用米は、実際に需要者と結びついているのは10％であり、それ以外の90％は、交付金がインセンティブを与えて飼料会社に供給されています。交付金の状況によっては、農家の水田からの所得の得かたが相当変わるのではないかと考えています。ですから、今後の動向には非常に興味がありますが、どうなってもいいようにJAは選択しなければいけません。そこで、当JAでは飼料用米から加工米、主食米どちらでもいけるようにしており、飼料米を少し減らして、備蓄、加工、主食米にシフトしていこうとしています。

中村 先ほど天羽さんから、自分で考えて売れるコメをつくるという練習が2年間行われてきたという話がありました。需給は自分たちでやっていくということに決まったわけですから、やっていかざるをえないということですね。

先ほど信岡さんが少し触れましたが、生産調整に国が関与しているうちは問題なかったのですが、生産者が自分たちで話し合って生産調整をすることになると、公正取引委員会に問題を指摘されるのではないかという危惧があるそうです。天羽さん、この辺は理論的にクリアしているのでしょうか。

天羽 生産調整は、今まで国が関与していたらうまくいっていたかというと、オールジャパンでみてうまくいったのは、この2年、今年を入れて3年になるかならないかというところです。したがって、生産数量目標を国が配分していたから生産調整がうまくいったということは、必ずしもないと思います。民間だけで数量配分あるいは作付計画をつくると、カルテルに該当して、公正取引委員会に摘発されるのではないかという懸念をいただきました。生産数量目標の配分がなくなった世の中でどのような作付計画をするかは、県協議会、地域協議会で検討されます。県協議会には県が、地域協議会には市町村が入っています。たしかに、国が県に数字を配分し、県が市町村に配分し、市町村が生産者に配分するということはなくなりますが、県では自分たちの県で何をどうつくるのか、産地をどうしていくのか、といったことを真剣に考えてもらうことになります。地域にしても、国から数字が降りてきたから、ということではなくて、地域でしっかり考えてもらいます。最終的に農業者に配分されるときも、市町村が入った協議会から数字が配分さ

写真4　質問に答える阿部組合長

写真5　質問に答える天羽部長

れるので、民だけのカルテルだと指摘されることはないのではないかと農林水産省は考えております。事務的に公正取引委員会に相談には行っているのですが、通常、そうした相談に対して大丈夫ですとは言ってくれません。個別の案件をみて判断します、ということになっています。

中村 わかりました。まだ、これから多少曲折があるかもしれませんね。次は、東京農大の渋谷先生から阿部さんへのご質問です。「大規模な農協として、担い手の超高齢化、コメ消費の縮小、減反廃止などの環境変化が進むなかで、集落営農ビジョンや域内ぐるみ農業を確立した後の10年、20年後の姿をどのようにお考えかお聞かせいただければと思います」と、たいへん大きなご質問ですが、よろしくお願いいたします。

阿部 このままいけば、今70歳の人は確実に80歳、90歳になるわけですから、当然農業人口、担い手人口は減っていきます。それは統計からも明らかなことであり、避けては通れないことです。だからこそ集落営農、集落再編をしていかなければならないと思っています。現在、定年が延長されてはいますが、普通の会社では65歳以上は労働人口ではないでしょう。私も法人の一構成員ですが、会社を辞めてから、農業機械や建設機械などのオペレーターをやっています。農業は75歳、場合によっては80歳までできますので、65歳以上でも十分に労働人口であると思っています。そういう意味ではあまり悲観はしておりません。また、生産調整がカルテルとしてみられかねないということについて、生産調整は米価の維持がひとつの目的ですので、そういう意味からいえば当然カルテルです。ただし、国が関与しながらカルテルだというのは乱暴な話です。JAいわて花巻も90％を委託共計していますが、これもそもそも国で認めたカルテルだったのにもかかわらず、いつの間にかそれはよくないことのようにいわれています。非常にとまどっているのが実情です。その辺をきちんと整理していかなければいけないと思っています。

中村 もうひとつ、関連したご質問です。「兼業農家が赤字を出しながらコメ生産を維持し、農地や農村を守っている現実があるが、その維持も必要ではないか。担い手農家だけでは、農業施設の維持・管理も難しい。中山間地の多い地域においては規模拡大が難しいが、その対策は？」赤字を出しながらもやっていく、そういう人も必要なのではないかというご指摘ですね。

面川 農業者が自立した経営者になって、農村の核になり田んぼを守るということが、私のコメづくり農家としての理想です。私の住んでいる町でも、どこの市町村でも、農業水田ビジョンなるものを掲げて、それに向かってみなさんでやりましょう、と進めています。そのなかで私は、「集落農業という言葉を角田市のビジョンからなくした方がよい」と主張しました。それは、きちんと後継者を考えるべきだという思いから出た発言でしたが、「それでは田んぼに寄り添って生活してきたほかの仲間はどうする」といわれてしまいました。角田市にある旧角田市農協は、20年、30年前は全国の数ある農協の中でも5本の指に入るくらい優秀な農協だといわれていました。そうした農協に対して、私自身も人一倍熱い思いをもっています。これまで、高米価の下で総兼業化を支えてきました。また、戦後の食糧難にも、国の食料を考えながら田んぼに寄り添ってきた先輩たちが兼業農業を支えてきました。そういう人たちは、だいたい4町歩から5町歩で、村の中では比較的大規模です。その人たちが85歳を過ぎ90歳になって、1年ごとにリタイアしています。そして今、彼らの農地が一気に担い手といわれる人に流れています。たしかに、兼業のコメづくりは、今までの農村や日本全体からみれば非常に合理的なお米の生産システムだとは思います。しかし、10年後に果たしてそれが可能なのかと考えた場合、1俵2万円の米価になるのであればいいのですが、確実に米価は下がります。それでは、具体的にどういう形で自分たちの田んぼを守るのかとなった場合、やはり地域の担い手を誰にするのかが重要です。しかし、これを集落で議論するのは、なかなか大変なことです。行政の担当者が、きちんと地域のビジョンを踏まえたうえで担い手を具体的にだすべきです。担い手としては地域で生まれ育った、代々続いてきた稲作農家の子どもが適当なのではないでしょうか。今、新規就農者には国からも様々な支援がされていますが、農家の子どもの親元就農に関しての援助は非常にハードルが高く、ないようなものです。園芸作物や畜産などは、新規就農で外からの参入も考えられますが、こと水田農業に関しては、代々継いできた稲作農家の子弟に焦点をあてるべきです。ただし、その場合は、法人化するという条件を付けなければいけないと思います。

中村 天羽さん、今、少し農政批判がでたようにも思い

ます。政策として、あるいは行政としての立場からはいかがでしょうか。

天羽 高齢化や人口減少が進んでいるなかで、これから地域農業を誰にやってもらうのかという課題は、たしかにあります。私どもも、担い手の不在が顕在化している地域が増えてきているという話を各方面からうかがっており、相当危機感をもっています。農水省の政策としては、人・農地プランというものがあり、5年後、10年後、地域の誰に農業を担い手としてやっていってもらうか、地域でしっかり話し合ってくださいとお願いしています。しかし、なかなか地域の将来を見据えた実質的なものになっていないところが多いというのが現実です。農家の2代目、3代目というお話がありましたが、そういう方がおられるなら、そういう方を地域の担い手と位置づけるのも当然いいわけです。そして、もうその集落にどう見渡したって人はいない、みんな70歳代以上でその下の世代はポッカリ穴が空いているという場合には、背に腹は代えられませんので、例えば隣の集落まで手を広げてもいいという方にお願いする、ということも考えられます。さらには、全国に募集をかけて地域にきてもらうぐらいのことも考えないといけない時代になってきているのではないかと思います。法人化したら経営がよくなるかというと、それには議論がありますが、法人化の魅力として、例えば相続のときに農地などの資産を法人の所有にしておけば、相続によって分散することがないということがあげられます。雇用者を血縁以外から雇って数年トレーニングを積んで、そこからのれん分けや独立するというようなことも可能です。法人化で人を雇うことを視野に入れて経営していただくのは、次世代への承継という意味でメリットがあると考えています。

中村 それでは、飼料米についてです。飼料米については2つほど質問があります。1つは、農業ジャーナリストの青山さんから、「飼料米に対する手厚い交付金はいつまで続くのか、見通しが知りたい。平成30年以降、農業者自らの経営判断に基づいて作付をするといっても、飼料米政策がどうなるかによって、すべてが影響を受けることになると思うが、どうなのか。」次に、株式会社大島農場の大島さんからの質問で、「補助金が55,000円から105,000円と主食の生産に比べると高額のためにバランスがとれていると思うが、農家手取額の95％が補助金であることが、国民・納税者の理解を得られると思うのか。」ということです。このお二人が質問しておられますが、信岡さんは補助金をもらっていないのですよね。

信岡 大学で研究をやっているだけですから、補助金はもらっていません。現実問題として、交付金があるから、飼料米の方に生産がシフトしてきているのは事実です。したがって、交付金を一気に廃止することは事実上不可能ではないでしょうか。そして、飼料米生産は、大規模生産者が中心であり、これが一番の収入源になっています。食用米を作るより飼料米を作ったほうが手元に残るお金が多く、飼料用米が経営を支える大きな収入源となっていることも事実です。ですからこれを見直して半分にしたり、3分の1にしたりすると、飼料用米生産は一気に崩壊します。ここまで飼料用米生産が拡大すると、簡単に支援を止めるとはいえません。そういう判断のもと、さきほど紹介した畜産農家のように、この支援策は続くと読んで、個人でも大規模な設備投資を行っているのです。そこで紹介したハウスで保管すると、kg当たり2円ですみます。これは、JAで保管してもらう手数料の約10分の1です。施設の資材はすべてアメリカから調達しています。もともと補助金はあてにしていませんので、こうした動きも速くなります。ご質問にあるように、たしかに交付金頼みというところは、私も気になります。交付金の要件はこれからさらに厳しくなるでしょうし、交付金単価の引き下げもそのうちに行われるでしょうが、一挙には動かせない状況だろうと読んでいます。

中村 天羽さん、もうここまでくると、飼料用米の補助金もすぐに廃止はできないだろうという見通しのようですが、行政の中での議論というのはいかがでしょうか。

天羽 先ほど信岡先生や野口先生の報告にもございましたが、平成27年の基本計画では、10年後110万トンを目標としています。何の誘導策もなく110万トンにはなりませんから、しっかり支援をして110万トンを目指していくことは、閣議決定をした基本計画からも明らかです。答弁などでも、現場の生産者の方が安心して営農ができるようにしっかりやっていくという調子で答弁をしています。私どもも、日本の水田は優れた生産装置でありますので、将来に残していかなければならない、残していくべきであると考えております。そうはいっても主食用米をつくっても食べてもらえないことから、主食用米以外の麦・大豆などに転作してきたわけですが、それにも適地でない水田も多くあります。そうしたことか

ら、稲による転作、加工用米、備蓄米、米粉、輸出、飼料用米といったものを今後ともしっかり育てていかなければいけないと考えています。なかでも飼料用米は、5年前、10年前は生産の現場でかなり抵抗感があったものの、現在では生産サイドにも畜産サイドにも受け入れてもらっており、しっかり育てていかなければいけないと思っています。また、飼料用米の品代が安いという問題があります。kg当たり20円、30円というオーダーなので、結局、農家の収入ベースでみると、ほとんどが補助金で賄われていることがわかります。このことについて個人的見解をいわせていただきますと、ヨーロッパなど先進国の農業では直接支払があるため、品代で農家の経営が支えられているわけではないという状況があり、必ずしも品代が安いから生産者が申し訳なく思う必要はないと思います。1,000万トンというトウモロコシを輸入して外国の原料に依存した畜産になっている状況の下、まだまだウエイトとしては小さいですが、自給飼料に切り替えていきコストダウンをし、飼料用米給与による様々なメリットをもっとしっかり消費者・納税者の方に伝えていくことが課題だと思っています。

阿部 たしかに、交付金が飼料用米の生産拡大にインセンティブを与えているのは事実です。しかしこれは、補助金がなかったら負のインセンティブが大きいということです。全農の買い取り価格は27年産でkg5円ですが、これでは安いからといって10円になりました。そうすると、600kg穫れて品代が6,000円です。3,000円から6,000円にはなりましたが、それでもまだJAは安いといわれます。そうして、品代20円のところがでると、12,000円になりますから、そちらの方がいいということになってJAには集まりません。飼料米だけではなく、主食用米の集荷も奪われてしまいます。したがって、JAは背に腹は代えられず、補助金ではなく品代がしっかり担保されているもの、つまり飼料米ではなく加工用米などに移行していかざるをえないという実態もあります。

中村 信岡さんに、共同通信の石井さんからの質問です。「飼料米の生産努力目標、平成37年で110万トンが実現した場合、カロリーベース自給率は何%改善されるのでしょうか。食料安全保障上、重要だと思うのでお尋ねします。」ということです。先ほど天羽さんにうかがったところ、今日は資料をもってきていないそうですが、農水省内で計算した数字としてはそんなに大きいものではないということです。

信岡 110万トンの生産になっても、自給率が10%もアップすることはありえないと思います。交付金はこれから生産拡大すれば、1,000億円から2,000億円へと増大していくでしょう。生産調整への国の関与が今までより弱くなっていくなかで、果たしてそうした支援の枠組みを支え続けていけるのかということを私は一番心配しています。交付金体系を固定する必要はないものの、水田フル活用支援法など、国が支えるシステムが制度として必要ではないかと思っています。

阿部 今、規制改革推進会議では、飼料米に対する補助金より、むしろトウモロコシ等の輸入飼料に充てた方が合理的なのではないかという議論があるようです。しかし、それなりの支援が担保されないと、なかなか将来の展望はもてなくなります。

天羽 私どもは、飼料用米は、水田フル活用をして自給率を上げるとの点だけではなく、水田を守るという点で

写真6　質問に答える信岡教授

写真7　質問に答える野口教授

も、とても大事な柱だと思っており、しっかり育てていかなければいけないと思っています。そのためにも、飼料用米をめぐる不祥事案を払拭しなければなりません。いわゆるくず寄せのように、主食用を作るとした田んぼから穫れたくず米を、エサ米として穫れたといって補助金をもらうような事案の発生を防いでいくということが必要です。幹をしっかり守らないといけないことから、枝葉のところでおかしなことがでてきたら厳正に対応していくことを、関係者一致協力してやっていただかなければいけないと思っています。

中村 次は、米粉に関する質問で、「米粉のパンなどへの利用は技術的に進んではいますが、さらなるコスト低減の技術は進んでいるのでしょうか。」というものです。

野口 飼料米でもお話があったように、コストには、やはり原料米の価格が大きく影響してきます。小麦粉自体が今１kg 100円程度で手に入る状況ですので、米粉もそれとほぼ同等の金額にならないとなかなか利用はされていきません。メーカーにしても、広報活動の一環として国内自給率を上げるために私たちは協力しています、というようなスタンスで米粉を使っているということも否めません。広報活動として使うわけですから、数％のコストアップであれば対応できますが、それが限界かもしれません。しかし、今までは約２倍の価格でしたが、最近の技術により、ほぼ同じ価格の米粉も出てきております。このようなものが市場に出回ってくれば、技術的なサポートはかなり進んできていますので、商品価値として、モチモチ感のように米粉パンの特徴を前面にだしていけばいいのではないでしょうか。一方、米粉を入れることによってコストダウンにはなりませんので、その点はまだまだ検討の余地があると思っています。小麦粉とほぼ同じ価格の米粉もでてきたとは申しましたが、現実には、商業ベースで小麦粉と同じような金額でできている米粉はまだほとんどなくて、単価150円くらいのものが多いようです。また、アンケートをとっていて、米粉パンだとわかって、「米粉パンはおいしい」という意見がでてくることがあります。しかし、「おいしい」からといって、「毎日食べますか」と聞くと、「毎日は要らない」という意見が結構でてきます。こうした意見をうけて、製造技術として、米粉パンだと気付かせないように入れ込んでつくったこともあります。実は、そうして米粉パンにみえないもののほうが、評判がよいこともあり

ました。したがって、価格も含めて米粉パンの普及を考えていく場合、モチモチ感など米粉の特徴を前面にだしたものでないほうが、実は普及には役立つのかもしれないと思っています。

天羽 米粉のもう一つのフロンティアとして、現在使われている食品添加物の代わりに米粉が使えないかということがあります。食品加工によく使われる増粘多糖類などを米粉で代替できないかということも一つの課題だと思っています。

中村 それでは、農地の問題を少し議論したいと思います。農地は、もちろんコメと関係がありますし、食料安全保障とも関係がある大事な問題だと思いますが、最近、相続が何代か続いて、所有者が誰だかわからなくなって、それを有効利用するためにとてつもない面倒な手続きが要るということが起きています。面川さんの地域では、農地の流動化はされていますか。

面川 貸し借りとしての農地の流動化は、ここ数年で急激に減りました。売買あるいは相続を伴った形での売買も非常に少ないです。私は20年ぐらい前から、自作地を拡大するために公庫のお世話になり、借金をしながら田んぼを拡大してきました。今年の３月にも、１町歩をまとめて引き受けさせてもらいました。20年前には、「田んぼなんか買わないで、貸す人がたくさんでるから、それまで待っていたら」といわれたこともありました。そんなことをいわれながらも、今後も百姓を続けていくためには、やはり、資金を投入して自分の田んぼとしてやりたいという思いがありました。40年前は４町歩だったものが、いつの間にか17町歩になっていました。公庫には多額の借金があり、どう考えてもこれは財産にはなりません。地主である国に借金を返しながらやるのもどうなのか、という考えもありますが、日本の国土の一部を、それも農業の優良な生産財として私が預かってやっている、という気持ちで取り組んでいます。私はそれでいいと思っています。言葉は悪いですが、国の小作人でいればいいのです。その代わり、地主である国には、現場で働いている人に対し、きちんとコメをつくるための環境整備をしてもらわなければいけません。しかし、農地に関してはあまり動いていないというのが現状です。

中村 売買は進んでいるのですか。

面川 田んぼは約30年前、私が買ったときは一反歩170万円でした。今は20万円から30万円です。基盤整備をし

ている立派な田んぼで、1町歩が1か所にまとまっているところでも50万円程度で、この地域では立派な田んぼでさえ30万円です。そう考えると、私のコメづくりの人生は何だったのかと思ってしまいます。そうはいっても、私にはコメづくりを辞める選択肢はありません。国の政策がどうであろうと、今辞めてしまったら借金が返せませんから。きちんとやるべきことをやって、田んぼに向き合って生きている人を、国は面倒をみなければいけないのではないかと思います。

中村 阿部さんの管内では、農地の中間管理機構を利用しているのですか。

阿部 利用しています。農地集積は、平場ではもう6割程度まで進んでいます。JAが農地再生協議会の事務局になっていますので、私が、花巻の再生協議会長ということになりますが、全国でもJAが担っているケースは珍しいと思います。農地をまとめるなかで経験しているのは、やはり、遠隔地居住の農地所有者がいることです。花巻でいえば、盛岡や他の都市に住んでいて、農地だけ管内にあるケースです。そうした農地を管理する場合、その部分については規制を緩和して、連担の組織がすぐに耕作できるようになれば非常にありがたいと思いました。受け手には、当然やる気があります。先ほど、平場で集積が6割方進んでいると申しましたが、中山間地域は同様には進みません。そこで農地を維持するには、直接支払制度を継続していただかなければいけません。またそうした中山間地域に、当JAでは雑穀生産を提案しています。中山間地域ではタバコの廃作奨励金を得てタバコを廃作していますが、それまでのタバコ農家に雑穀を提案すると、手を掛けてしっかり収穫します。平場で雑穀生産をするとすぐに機械化しようとして、機械ロスが多く効率的な生産ができませんでした。しかし、中山間地域では、アマランサス、アワ、キビなどをていねいに栽培して、単収は平場の3倍～4倍になり収益に貢献しています。JAは農家と一緒になって、そうした中山間地域の農地維持にも取り組んでいかなければいけないと思っています。

中村 6割方集積がもう終わっているというのは、JAの働きかけがよかったからということですか。

阿部 制度の中で集積するためには、当然法人格がなければなりませんので、従来からビジョンをもってその受け皿をつくっていたということです。そのため12億円と

いう交付金をいただきました。花巻はやりすぎではないかという話もありましたが、政策の受け皿として、すぐに対応できるようにしておかなければいけないと思っています。

中村 私は、農地の有効利用についての制度改革が非常に遅いと感じています。私自身、農地は財産ではなくて、有効利用のための公共のスペースだろうと以前から考えていました。何かそういう方向で改善はできないものでしょうか。

天羽 今回、民法も大改正されるということです。所有権や登記は法務省が所管をしていますが、相続のときに登記がしっかり行われていないこともあるようです。登記簿をみると、明治時代に死んだおじいちゃんやひいおじいちゃんの名前が残っていて、いざ、周りの農地と一緒に基盤整備をして大規模化しようと地権者を調べたら、その孫はアメリカに行っていない、東京に行って連絡もつかない、その相続人も死んでいて次の世代がどうなっているかもわからない、といったことが起きています。東日本大震災のとき、沿岸地域で相続人の生死も分からない状況のなか、どうやって地域を再建していくかという課題が顕在化したときにも議論になりました。結局、立法的な措置としては、所有者の同意がなくても、その土地について調査ができるといった条文が入ったと記憶しています。このような所有権者の不明は、農地や林地ばかりでなく、中心市街地でも同じようなことが起きているようです。今後、高齢化が進展するなかで世代が代わっていくとき、一定の法律上の手当も必要ではないかということが議論されています。農林水産省や国土交通省、総務省など事業を行う官庁が、そうした権利に関する制度をもっている法務省にお願いをしていますが、今日までのところ、まだ、これでいけるという案はでていないと思います。これはあくまで私見ですが、所有権と上土の利用権とを分離して考えるくらいのことでないと、対応できないのではないかと思います。

中村 最後に一言ずつ、今の日本のコメ政策に何が必要かという、これは行政に対してだけではなくて、消費者の意識についてでも、あるいは農業団体に対してでもかまいません。これが私の考える農業政策の決め手あるいはポイントであるという事柄をお話し下さい。

野口 やはり食料というのは国の一番の根幹でありますので、税金を投入しすぎていいのかという問題を抜きに

るが、この４ＪＡを合算した場合、2015年３月現在では、6万7,338人のうち正組合員が２万6,295人で39.0％、准組合員が４万1,043人で61.0％である。これは前年2014年３月現在の正組合員40.1％（２万6,677人）、准組合員59.9％（３万9,842人）と比較して、１ポイント准組合員の比率が上昇している。また2014年の全国平均の准組合員56.2％、埼玉県全体の准組合員57.6％（2015年農林業センサス調べ）よりも准組合員の比率は高く、この面では都市近郊型農協の典型といえる。農家でなく信用事業、共済事業の利用が中心である准組合員比率が高いことに都市化の傾向が端的に示されているといえるであろう。

　４ＪＡ別での准組合員の比率も、2015年では60％をまだ超えていないのがＪＡ埼玉みずほ（44.3％）、ＪＡ越谷市（46.5％）であるがその比率は年々上昇しており、今後ますますその傾向が強くなってくることから、准組合員を取り込んだ事業等の取り組みが重要となってくるだろう。

（２）各事業別収益の状況

　農協の各事業別の収益の比較検証をした（表２）。信用事業では、４ＪＡいずれも全国平均の42％より上回り、そのうち３ＪＡは50％以上である。ただし、埼玉県全体とほぼ同じである。特に、東京に近い県南に位置するＪＡさいかつの55％、さいたま市を有するＪＡ南彩でも54％と、都市化農協の特徴である信用部門が大きい農協であることがわかる。こちらも４ＪＡ同士の比較では大きな違いはなく、より東京に交通の近い地域ほどその割合がやや高いといえる。

　購買事業についても都市化ＪＡの特徴がでている。全国が16.7％なのに対し、９％程度にとどまっている。共済事業も信用部門同様、都市化したＪＡを象徴している。全国平均が25％程度に対して、４ＪＡいずれも30％以上であり、埼玉県全体と比較しても上回っている。

　信用部門と共済部門合わせていずれも80％以上、大きなところでは90％近い88％を占めるところもあった。生活資材全般においてもスーパー、コンビニエンスストア、大型店舗、農業関連の肥料、農薬についてもＪＡ以外の店舗の多い都市では、購買事業の収益率割合が低くなることは理解できる。４ＪＡにおいても６％から11％、平均９％であり、こちらも大きな違いはない。

　販売事業においては、全国的には７％であるが４ＪＡおよび埼玉県では２％台である。ＪＡ越谷市では４％、ＪＡさいたまみずほでは３％であるものの他の信用事業、共済事業の高い、都市化の進んだ地域の２ＪＡでは１％台である。この数字は少なくとも「農業」協同組合であることを重要視しなければならない事業である。

表２　各ＪＡの事業別収益の割合（2016年３月）

	信用	共済	購買	販売	その他	合計
ＪＡ南彩	54.3％	35.3％	9.8％	1.5％	-1.0％	100％
ＪＡ埼玉みずほ	46.0％	38.0％	11.3％	3.1％	1.5％	100％
ＪＡさいかつ	55.2％	33.1％	6.5％	1.1％	4.1％	100％
ＪＡ越谷市	50.0％	32.4％	10.6％	4.5％	1.7％	100％
４ＪＡ計	52.5％	34.0％	9.0％	3.1％	1.4％	100％
全国	42.1％	25.3％	16.7％	7.4％	8.2％	100％
埼玉県	54.2％	28.0％	11.5％	3.0％	3.2％	100％

出所）４ＪＡ　各ディスクロージャー誌　損益計算書（2015年）
　　　全国・埼玉県　農協についての統計（農林水産省2015年）により作成

４．販売品目別に見る埼玉県東部地区４ＪＡの現況

（１）販売品目による各地域の特色

　各農協の受託販売品目の取扱高をあげた（表３）。ここでは、地域による販売品目、いわゆる地域の特産を見出すことができた。金額の総計は、農家数、人口、市町村数などの違いで比較できないものの、取り扱っている品目の種類がそれぞれ異なったいわば各農協の「売り」である。今後、合併後のデメリットとされる地域の希薄化を解消できる可能性がある。

　表３では、各ＪＡの受託品販売による品目を販売品目別で表した。全体の20％を超える品目がそれぞれ２つずつある。ＪＡ南彩の「野菜・果実」、ＪＡみずほの「米・野菜」、ＪＡさいかつの「野菜・米」、ＪＡ越谷市の「野菜・直売所」である。これも単価がそれぞれ異なるので、一概に「一番販売されているもの」と決めつけていけないもののＪＡとして力をいれている販売品目であることは間違いないと考える。

　もう一つ重要な部分は、それぞれ１・２位の組み合わせがすべて違うということである。合併を想定し全体を単純に合計したものでは、野菜が39％を超えるにとどまり、あとは平均化してしまい、販売品目においては特色の少ないＪＡとなってしまうことが予想される。

（２）各地域の販売品目の優位性（産地棲み分け）

　棲み分け理論は、生物学の理論で今西進化論[7]の業績の一つであるが、麻野（1987）は、農産物の産地とこの理論を結び付け、「産地棲み分け理論」を提唱した。

　今回の埼玉県東部農協の広域合併に伴い、この理論が広域合併農協の販売事業の展開に有効に働くのではないかという仮説を立て検証する。

　麻野の理論が提唱された時代の背景には、愛媛県のみかん専門農協が総合農協を合併した「新専門農協」という新しい考え方があり、現在の総合農協同士の広域合併とは意味合いは異なる。

　しかし、広域合併を前提に置いた「産地棲み分け理